高级运筹学

张 丽 李 程 邓世果 编 著

扫码申请更多资源

 南京大学出版社

图书在版编目(CIP)数据

高级运筹学 / 张丽，李程，邓世果编著. —— 南京：
南京大学出版社，2021.1
ISBN 978 - 7 - 305 - 23259 - 6

Ⅰ. ①高… Ⅱ. ①张… ②李… ③邓… Ⅲ. ①运筹学
－高等学校－教材 Ⅳ. ①O22

中国版本图书馆 CIP 数据核字(2020)第 081209 号

出版发行　南京大学出版社
社　　址　南京市汉口路 22 号　　　　邮　编　210093
出 版 人　金鑫荣

书　　名　高级运筹学
编　　著　张　丽　李　程　邓世果
责任编辑　武　坦　　　　　　　编辑热线　025 - 83592315

照　　排　南京南琳图文制作有限公司
印　　刷　常州市武进第三印刷有限公司
开　　本　787×1092　1/16　印张 9　字数 208 千
版　　次　2021 年 1 月第 1 版　2021 年 1 月第 1 次印刷
ISBN 978 - 7 - 305 - 23259 - 6
定　　价　29.80 元

网址：http://www.njupco.com
官方微博：http://weibo.com/njupco
微信服务号：njuyuexue
销售咨询热线：(025) 83594756

前言

运筹学在"二战"时期萌芽,主要应用于的兵力部署和武器控制,后来逐步发展,在生产组织、工程管理、机械设计等相关领域,运筹学都有了对应的发展,并逐步建立了比较完整的理论体系,形成了典型问题的数学模型和对应的求解算法.运筹学学科也已经逐步形成了一套系统的解决和研究实际问题的理论和方法.

运筹学研究对象的客观普遍性,以及强调研究过程完整性的重要特点,决定了运筹学应用的广泛性,它的应用范围遍及工农业生产、经济管理、工程技术、国防安全、自然科学等各个方面和领域.

高级运筹学在学界是相对于基础运筹学而言的说法,重点是非线性优化理论,高级运筹学是很多高校管理及规划等专业本科生和研究生的核心课程,也是很多理工类专业研究生的专业基础课程.

运筹学分支众多,本书力求结构合理,简明精炼.全书共9个章节,分为2个部分:第1章到第4章是对运筹学的概况以及数学规划的介绍,希望消除阅读门槛,让没有接触过运筹学的读者也可以循序渐进,对运筹学学科内容和应用有整体的认识,然后再深入高级运筹学部分.第5到9章是高级运筹学的核心部分,内容围绕非线性规划展开,介绍了一维搜索、无约束非线性优化和有约束非线性优化,涉及更多的数学理论和算法内容.在这部分中,本书还对各种算法理论的形成和关联进行了梳理,描述了相应分支算法的发展脉络,以使内容更具系统性.

需要说明的是,虽然限于篇幅,本书重点介绍了高级运筹学的经典算法,但运筹学研究的全过程应从问题的形成开始,到构造模型、提出解案、进行检验、建立控制,直至付诸实施为止.所以在实践中,也要重视问题的提炼,模型的建立以及解的检验等环节.

本书在编写过程中,参考了很多专业书籍和文章,在此,向有关同行学者专家致以由衷的谢意.在本书的编写中,研究生韩蕊、杨益沁硕士承担了部分文字和公式的录入工作,感谢他们的付出.

由于作者水平有限,书中难免存在谬误和不妥之处,恳请读者和专家不吝批评与指正.

编　者

上海工程技术大学

2020 年 4 月

目　录

第1章 绪 论

关键词

运筹学(Operational Research) 数学规划法(Mathematical Programming)

数学模型(Mathematical Model) 决策变量(Decision Variable)

目标函数(Objective Function) 约束函数(Constraint Functions)

最优化理论(Optimization Theory)

内容概述

作为系统科学体系中的重要内容,运筹学强调用系统的思维和数学的方式去提炼、分析和优化问题.从其发展历程可以看出,实践是运筹学的主要推动力,数学和系统学科为其提供了理论基础.目前,运筹学已经形成了线性规划等诸多成熟分支,并在规划管理和工程设计等领域有越来越多的应用.

1.1 运筹学概述

运筹学是第二次世界大战期间,从研究作战方法的过程中产生的学科,主要研究各种广义资源的运用、筹划以及相关决策等问题.其目的是根据实际的需求,通过数学的分析和运算,做出综合性的、合理的优化安排,以便更有效地发展有限资源的效益.

1.1.1 运筹学学科的发展

1935 年,英国军事管理部门召集了一批科学家,在 Bawdsey 成立了研究机构,分析有关的战略和战术问题,以便更有效地利用有限的军事资源.早期的工作包括如何有效使用新式雷达的,如何提高野外火炮控制设备的效能.研究小组提出为了有效防止德国的空袭,不能仅依靠增加雷达数量及改进性能,还应对整个作战防空系统,以及其与各雷达站之间的协调配合、各雷达站之间的相互协调配合及整个系统运行进行综合研究,才能有效防备德国飞机入侵.1938 年,Bawdsey 研究小组负责人 A. P. Rowe 把他们从事的工作称为 Operational Research.随后,美国军事管理部门也开始进行类似的活动,他们的工作包括反潜艇策略和深水炸弹起爆深度等研究,并将这些工作称之为 Operations Research.这些早期的运筹学工作,使用的方法一般来说都极为浅显,但成效显著.人们开始认识到用定量分析方法研究实际问题,建立教学模型等方法是行之有效的.

第二次世界大战以后,军事部门转而研究在各种作战条件下的现代和未来战争中,武器系统的有效使用.而数学、工程学和管理学的学者们也注意到运筹小组的成就,想利用运筹学方法解决其他领域的问题.政府部门在制订计划、进行决策时也试图采用运筹方法.英国1950年出版了第一份运筹学杂志,并于1953年成立了英国运筹学学会.美国则于1952年即成立了美国运筹学学会.国际运筹学联盟(International Federation of Operational Research Societies,IFORS)也于1959年成立.IFORS的成立,标志着运筹学作为一门学科,已经成为现代科学体系中一个重要成分.近几十年,计算机科学与计算技术的成就,也对运筹学的发展起着极大的推动作用.与此同时,运筹学本身也夯实了数学基础,如线性规划、动态规划、非线性规划、图论网络等分支日趋成熟.以后的时间,运筹学被普遍认为是一门学术性和应用性很强的学科.

20世纪50年代后期,在钱学森、华罗庚、许国志等老一辈科学家的推动下,运筹学被引入中国,初译为运用学,后来周华章认为该学科已经从初期的武器有效使用的问题扩展到许多筹划问题的探讨,运用学的提法已不能包含其内容.经过许国志和周华章的反复讨论,改译为运筹学,以概括运用与筹划两方面的内容.运筹两字摘取自史记中"夫运筹策帷账之中,决胜于千里之外",这样既体现了运筹学起源于军事,也表明谋而后动的预先筹划思想.改革开放以后,随着我国经济大规模建设的发展、市场竞争的加剧、产品更新速度的加快、科技水平和管理水平的提高,运筹学在经济管理领域得到更加广泛的运用.运筹学的研究也进入一个新的快速发展时期.运筹作为一门优化决策的学科,受到前所未有的重视,在我国高校的许多专业,如管理科学、应用数学、信息技术、工程管理、交通运输等专业,都作为重要的专业基础课程之一.

1.1.2 运筹学的分支和研究问题的思路

运筹学的定义有很多种提法,中国大百科全书(自动控制与系统工程)中关于运筹学的定义是,用数学的方法研究经济、民政和国防等部门在内外环境的约束条件下合理调配人力、物力、财力等资源,使实际系统有效运行的技术科学.它可以用来预测发展趋势、制定行动规划或优选可行方案.

中国企业管理百科全书中将运筹学定义为运用分析、实验、量化的方法,对经济管理系统中的人、财、物等有限资源进行统筹安排,为决策者提供依据的最优方案,以实现最有效的管理.

基于运筹学研究的不同的应用领域,运筹学逐步建立起描述各种活动的不同模型,发展出各种不同的理论,从而形成不同的运筹学分支.时至今日仍在不断发展和扩充,最主要的几个分支有以下几个方面:

(1) 线性规划(Linear Programming).线性规划是研究在线性不等式或等式的限制条件下,使用某一个线性目标取得最大(或最小)的问题.

1939年数理经济学家康托洛维奇发表了《生产组织和计划中的数学方法》,提到了类似线性规划的模型和"解乘数求解法".但当时并未引起关注,直到1960年他和库伯曼斯的《最佳资源利用的经济计算》一书出版后,才得到了重视.两人因对资源最优利用所做的贡献获得了 1975 年的诺贝尔经济学奖.

1947 年美国数学家 Dantzig 在研究美国的空军资源优化配置时提出了线性规划的一般数学模型和单纯形求解方法,促使线性规划的方法和应用飞速发展.

(2) 整数规划(Integer Programming).整数规划是从 1958 年由 R. Gomory 提出割平面法之后形成独立分支的,解整数规划最典型的做法是生成一个原问题的衍生问题.对每个衍生问题又伴随一个比它更易于求解的松弛问题,通过松弛问题的解来确定是原问题应被舍弃,还是再生成一个或多个它本身的衍生问题来替代它.然后选择一个尚未被舍弃的或替代的原问题的衍生问题,重复以上步骤直至不再剩有未解决的衍生问题为止.分支定界法和割平面都是遵循这样的思路形成的.

(3) 动态规划(Dynamic Programming).1953 年美国数学家贝尔曼(Richard Bellman)等人在研究多阶段决策过程的优化问题时,创建了解决这类问题的新思路——动态规划,提出把多阶段过程转化为一系列单阶段问题,利用各阶段的数量关系逐步求解.

(4) 多目标规划(Multi-objective Programming).1961 年 Charles 等人在线性规划基础上提出的,是研究具有多个目标的规划问题的理论.基本的算法是把多目标规划问题归为单目标的数学规划(线性规划或非线性规划)问题进行求解.

(5) 非线性规划(Nonlinear Programming).在建立类似于线性规划的模型中,至少有一个非线性函数出现(无论是目标函数,还是约束条件),就称之为非线性规划问题.1951 年 H. W. 库恩和 A. W. 塔克发表的关于最优性条件的论文是非线性规划正式诞生的一个重要标志.

(6) 图论(Graph Theory).图论以图为研究对象,用拓扑图来描述事物之间的特定关系.1736 年,瑞士数学家欧拉(Leornhard Euler)解决了经典的哥尼斯堡七桥问题,标志着图论的诞生,欧拉也被称为图论的创始人.

(7) 对策论(Game Theory).对策论考虑游戏中个体的预测行为和实际行为,并研究它们的优化策略.20 世纪四五十年代,冯·诺伊曼、摩根斯坦和纳什的研究为对策论(博弈论)奠定了理论基础.

(8) 决策论(Decision Theory).它研究的目的是从若干个行动方案中,合理地分析和决定满足一定要求的方案.决策分析的基础,决策论的一些基本概念(如主观概率、贝叶斯分析方法、效用函数等)和更早期的统计学和经济学的发展有密切关系.1961 年,美国学者 H. 赖法与 R. O. 施莱弗的《应用统计决策理论》一书的出版,使决策论具备了学科分支的雏形.

(9) 排队论(Queuing Theory).排队论又称随机服务系统,是研究系统拥挤现象和排队现象的一门学科.1910 年丹麦电话工程师 A. K. 埃尔朗在解决自动电话设计问题时开始形成基本的排队论思想,当时称为话务理论.30 年代到 50 年代初,美国数学家费勒(W. Feller)关于生灭过程的研究、英国数学家堪道尔(D. G. Kendall)提出嵌入马尔可夫链理论,为排队论奠定了理论基础.

（10）存贮论(Inventory Theory).它是研究在各种不同情况下的库存问题,形成数学模型,选择合理策略,使各项费用总和为最小.早在 1915 年,哈里斯(F. Harris)针对银行货币的储备问题进行了详细的研究,建立了一个确定性的存贮费用模型,并求得了最佳批量公式.1934 年威尔逊(R. H. Wilson)重新得出了经济订购批量公式.1958 年威汀(T. M. Whitin)发表了《存贮管理的理论》一书,随后阿罗(K. J. Arrow)等发表了《存贮和生产的数学理论研究》,毛恩(P. A. Moran)在 1959 年写了《存贮理论》.此后,存贮论成了运筹学中的一个独立分支.

运筹学研究问题主要思路是从系统分析问题描述到模型的建立与修改、完善,再到模型求解和检验,最后是结果分析与实施.运筹学的应用往往涉及大量复杂的计算,没有计算机技术的迅速发展,就没有运筹学的今天.同时也应注意到,计算机对模型求解的结果不是问题的最终答案,而仅仅是为实际问题的处理提供决策基础的信息.

1.1.3　运筹学与最优化理论

最优化理论最早可追溯到古老的极值问题,但成为一门独立的学科则是在 20 世纪 40 年代末至 50 年代初.其奠基性工作包括 Fritz John 最优性条件(1948),Kuhn-Tucker 最优性条件(1951)和 Karush 最优性条件(1939).近几十年来,最优化理论与算法发展十分迅速,应用也越来越广泛,现在已形成一个相当庞大的研究领域.关于最优化理论与方法,狭义的主要指非线性规划的相关内容,而广义的则涵盖线性规划、非线性规划、动态规划、整数规划、几何规划、多目标规划、随机规划甚至还包括变分、最优控制等动态优化内容.运筹学与最优化理论既有联系又有区别,有交叉的分支也有不重叠的内容.从应用角度来看,运筹学更偏重规划与管理,而最优化理论多服务于工程领域.本书的内容涉及结合运筹学与最优化理论,可以在基础运筹学之后以扩充运筹管理的深度,也可以作为工程领域运筹优化理论的学习材料.

1.2　数学规划基本类型

1.2.1　数学规划及其分类

数学规划是研究对现有资源进行统一分配、合理安排、合理调度和最优设计以取得最大效果的数学理论方法.例如,某项确定的任务,怎样以最少的人力、物力去完成;或是对给定的人力、物力要求能最大限度地发挥作用从而能够完成尽可能多的任务.也就是在满足既定目标的要求下,按照某一衡量指标寻求最优方案的问题.必须满足的既定目标的要求称为约束条件,衡量指标称为目标函数,则数学规划就是求目标函数在一定约束条件下的极值问题.

数学规划问题求解"最优"的特征决定了其应用的广泛性.早在 18 世纪,著名数学家欧拉就曾说:宇宙万物无不与最小化或最大化的原理有关.经济社会中,在有限的资源下求解最优的计划、路线、组合和策略等问题都可以归结为数学规划问题.数学规划的应用遍及工程、经济、金融、管理、医药和军事等领域.可以说,数学规划的原理渗入社会发展的各个方面,甚至在我们的日常生活里也有各种各样的最优化问题.

要形成一个最优化问题的数学模型,首先需要用合适的决策变量描述系统的特征量,这一步是建立规划问题的基础和关键,一般可以将系统中最值得关注和需要输出的要素设为决策变量(Decision Variable),决策变量的一组取值代表一个具体方案;然后,辨识系统的性能目标如成本、利润、时间等,将目标定量描述为决策变量的函数,也就是目标函数(Objective Function),目标函数决定了问题的优化方向,可以是一个也可以是多个;最后,用决策变量组成的函数表示资源或技术条件,对应的约束用等式或者不等式来定义,形成约束函数(Constraint Functions),变量的限定条件也可以归入约束函数.

数学规划是运筹学中的一个大的体系,包括线性规划、非线性规划、整数规划、多目标规划、组合规划、随机规划、动态规划等.建立数学规划后,可以再根据变量特征、目标函数的数量和形式、约束条件的形式等判定规划问题的类型,然后利用相应的算法或软件求解.

(1) 存在多个目标,即目标函数 $f(x)$ 取一个向量值函数,称为多目标规划(Multi-Objective Programming 或 Goal Programming).

(2) 如果所有决策变量取整数,称为整数规划(Integer Programming);一部分变量取整数,另一部分变量取实数,为混合整数规划(Mixed Integer Programming,MIP);决策变量仅取值 0 或 1 的一类特殊的整数规划是 0-1 规划.

(3) 从一个连通无限集合(可行域)中寻找最优解,称为连续优化(Continuous Optimization)问题;从一个有限的集合或者离散的集合中寻找最优解,称为离散优化(Discrete Optimization)也叫组合优化(Combinatorial Optimization)或组合规划.

(4) 目标函数和约束函数都是线性的规划问题称为线性规划(Linear Programming,LP);否则为非线性规划(Nonlinear Programming,NLP).

(5) 最优化目标函数和约束中出现的参数是完全确定的,称为确定型优化(Deterministic Optimization)问题;否则称为非确定型优化(Uncertain Optimization)问题,包括了随机规划(Stochastic Programming)、模糊规划(Fuzzy Programming)等特殊情形.

(6) 实际的决策过程是随时间而变化,分析中将决策变量分阶段并需要包含时间参量集为动态规划(Dynamic Programming);否则为静态规划(Static Programming).

以上分类依据的标准不同,所以可能会形成不同分类方法交叉形成的混合问题,如非线性整数规划、多目标随机规划等.当然,分类特征越多,问题也会越复杂.

微信扫码,
加入【本书话题交流群】
与同读本书的读者,讨论本书相关话题,交流阅读心得

第2章 线性规划

关键词

线性规划(Linear Programming)　　最优解(Optimal Solutions)

可行解(Feasible Solutions)　　基本解(Basic Solution)

可行域(Feasible Region)　　基本可行解(Basic Feasible Solution)

单纯形法(Simplex Method)

内容概述

　　线性规划是运筹学的重要分支,研究最早、应用广泛且理论成熟.其关于解特性的讨论和求解方法,是整数规划、非线性规划等其他分支内容研究的基础.从线性规划入手,有助于对后续分支的学习,也有助于运筹学学科分析思维的理解和形成.

2.1　线性规划数学模型

2.1.1　问题的提出

下面以实例来归纳线性规划模型特征.

例 2.1

　　某工厂近期要安排生产甲、乙两种产品,产品甲需要用原料 A,产品乙需要用原料 B,由于两种产品都在一个设备上生产,且设备使用时间有限,管理者必须合理安排两种产品的产量,使得在资源有限的条件下获得最大的利润.因此,这个问题的决策目标是收益的最大化.研究者根据这个目标需要收集以下相关数据:

　　(1)工厂两种原料存量以及可用设备工时数;

　　(2)甲、乙两种产品的单位产品需要的原料和设备工时数;

　　(3)甲、乙两种产品的单位产品利润.

这些数据可以通过调研或估算得出,如表 2.1 所示.

表 2.1

	甲	乙	资源限制
原料 A	1	0	6
原料 B	0	2	8
设备	2	3	18
单位利润(百万)	4	3	

为建立模型,引入变量如下:

x_1——产品甲的数量;

x_2——产品乙的数量;

z——利润.

由表 2.1 最后一行知:

$$z = 4x_1 + 3x_2$$

目标是如何确定 x_1 和 x_2,使得利润 z 最大,同时需要满足资源约束.

对于原料 A 和原料 B,有:

$$x_1 \leqslant 6, 2x_2 \leqslant 8$$

对于设备工时,有:

$$2x_1 + 3x_2 \leqslant 18$$

此外,甲、乙两种产品数量不可能是负值,因此,有如下对变量的非负约束:

$$x_1 \geqslant 0, x_2 \geqslant 0$$

于是,问题的数学模型现在可以用代数式表述如下:

$$\max z = 4x_1 + 3x_2$$

满足:

$$\begin{cases} x_1 \leqslant 6 \\ 2x_2 \leqslant 8 \\ 2x_1 + 3x_2 \leqslant 18 \\ x_1, x_2 \geqslant 0 \end{cases}$$

从以上过程我们可以归纳出根据实际问题建立线性规划模型的步骤:

(1) 根据实际需求或技术要求确定决策目标和收集相关数据.

(2) 确定要做出的决策,引入决策变量.

(3) 确定对这些决策的约束条件和目标函数.

例 2.2

某饲料公司用玉米、红薯中原料配制一种混合饲料,各种原料包含的营养成分和采购成本都不同,需要确定混合饲料中的各种原料数量,使得饲料能够以最低成本达到一定的营养要求.研究者根据这一目标收集到的有关数据如表 2.2 所示.

表 2.2

营养成分	每公斤玉米	每公斤红薯	最低要求
碳水化合物	8	4	20
蛋白质	3	6	18
维他命	1	5	16
采购成本(元/公斤)	0.8	0.5	

为建立线性规划模型,引入变量如下:

x_1＝混合饲料中玉米的数量;

x_2＝混合饲料中红薯的数量;

目标函数 $z=0.8x_1+0.5x_2$,表示产量的成本函数,即如何确定 x_1,x_2 使得成本 $z=0.8x_1+0.5x_2$ 最低且满足最低营养要求的约束,这些约束条件是:

碳水化合物要求:$8x_1+4x_2 \geqslant 20$

蛋白质物要求:$3x_1+6x_2 \geqslant 18$

维他命物要求:$x_1+5x_2 \geqslant 16$

另外非负约束:$x_1 \geqslant 0$,$x_2 \geqslant 0$

因此这个问题的线性规划模型为:

$\min z=0.8x_1+0.5x_2$

$$\text{s. t.} \begin{cases} 8x_1+4x_2 \geqslant 20 \\ 3x_1+6x_2 \geqslant 18 \\ x_1+5x_2 \geqslant 16 \\ x_i \geqslant 0 \quad i=1,2 \end{cases}$$

其中"s. t."是"subject to"的缩写,意思是"受约束于……".

从以上的几个例子可以看出,线性规划问题有如下共同特征:

(1) 每个问题都用一组决策变量,这组决策变量的值都代表一个具体方案.

(2) 有一个衡量决策方案优劣的函数,它是决策变量的线性函数,称为目标函数. 按问题不同,要求目标函数实现最大化或最小化.

(3) 存在一些约束条件,这些约束条件包括① 函数约束;② 决策变量的非负约束.

2.1.2 线性规划的标准型

根据上文分析,线性规划的一般形式为:

$$\max(\min) z=c_1x_1+c_2x_2+\cdots+c_nx_n$$

$$\text{s. t.} \begin{cases} a_{11}x_1+a_{12}x_2+\cdots+a_{1n}x_n \leqslant (=,\geqslant)b_1 \\ a_{21}x_1+a_{22}x_2+\cdots+a_{2n}x_n \leqslant (=,\geqslant)b_2 \\ \qquad\qquad\cdots \\ a_{m1}x_1+a_{m2}x_2+\cdots+a_{mn}x_n \leqslant (=,\geqslant)b_m \\ x_1,x_2,\cdots,x_n \geqslant 0 \end{cases}$$

线性规划问题有各种不同的形式. 目标函数有的要求 max,有的要求 min;约束条件可以是"≤",也可以是"≥"形式的不等式,还可以是等式. 决策变量一般是非负约束,但也允许在$(-\infty,\infty)$范围内取值,即无约束. 将这种多形式的数学模型统一变换为标准形式. 这里规定的标准形式为:目标函数的要求是 max,约束条件的要求是等式,决策变量的要求是非负约束. 在标准型式中规定各约束条件的右端项 $b_i\geqslant0$,否则等式两端乘以"-1".

用向量和矩阵符号表述时为:

$$\max z=CX$$

$$\text{s. t.} \begin{cases} \sum_{j=1}^{n} P_j x_j = b \\ x_j\geqslant0, \quad j=1,2,\cdots,n \end{cases}$$

其中:$C=(c_1,c_2,\cdots,c_n)$

$$X=\begin{bmatrix} x_1 \\ x_2 \\ \vdots \\ x_n \end{bmatrix}; P_j=\begin{bmatrix} a_{1j} \\ a_{2j} \\ \vdots \\ a_{mj} \end{bmatrix}; b=\begin{bmatrix} b_1 \\ b_2 \\ \vdots \\ b_m \end{bmatrix}$$

用矩阵描述时为:

$$\max z=CX$$

$$\text{s. t} \begin{cases} AX=b \\ X\geqslant\mathbf{0} \end{cases}$$

其中:

$$A=\begin{pmatrix} a_{11} & a_{12} & \cdots & a_{1n} \\ \vdots & \vdots & & \vdots \\ a_{m1} & a_{m2} & \cdots & a_{mn} \end{pmatrix}=(P_1,P_2,\cdots,P_n); \mathbf{0}=\begin{bmatrix} 0 \\ 0 \\ \vdots \\ 0 \end{bmatrix}$$

称 A 为约束条件的 $m\times n$ 维系数矩阵,一般 $m<n,m,n>0$;b 为资源向量;C 为价值向量;X 为决策变量向量.

化标准型的方法如下:

(1) 若要求目标函数实现最小化,即 $\min z=CX$. 这时只需将目标函数最小化变换求目标函数最大化,即令 $z'=-z$,于是得到 $\max z'=-CX$. 这就同标准型的目标函数的形式一致了.

(2) 约束方程为不等式. 这里有两种情况:一种是约束方程为"≤"不等式,则可在"≤"不等式的左端加入非负松弛变量 x_j,把原"≤"不等式变为等式;另一种是约束方程为"≥"不等式,则可在"≥"不等式的左端减去一个非负剩余变量 x_j(也可统称为松弛变量),把不等式约束条件变为等式约束条件.

(3) 若变量约束中:$x_j\leqslant0$,则令 $x_j'=-x_j,x_j'\geqslant0$;若 x_j 无约束,则令 $x_j=x_j'-x_j''$,其中 $x_j',x_j''\geqslant0$,用新的非负变量分别代替原来的变量.

例 2.3 将下述线性规划化标准型.

$$\min z = -x_1 + 2x_2 - 3x_3$$

$$\text{s. t.} \begin{cases} x_1 + x_2 + x_3 \leqslant 7 \\ x_1 - x_2 + x_3 \geqslant 2 \\ -3x_1 + x_2 + 2x_3 = 5 \\ x_1, x_2 \geqslant 0, x_3 \text{ 取值无约束} \end{cases}$$

解:按上述规则化标准型如下:

用 $x_3 = x_4 - x_5$,其中 $x_4, x_5 \geqslant 0$;

在第一个约束不等式≤号的左端加入松弛变量 x_6;

在第二个约束不等式≥号的左端减去剩余变量 x_7;

令 $z' = -z$,即可得到该问题的标准型:

$$\max z' = x_1 - 2x_2 + 3(x_4 - x_5) + 0x_6 + 0x_7$$

$$\text{s. t.} \begin{cases} x_1 + x_2 + (x_4 - x_5) + x_6 = 7 \\ x_1 - x_2 + (x_4 - x_5) - x_7 = 2 \\ -3x_1 + x_2 + 2(x_4 - x_5) = 5 \\ x_1, x_2, x_4, x_5, x_6, x_7 \geqslant 0 \end{cases}$$

2.1.3 线性规划问题的解的概念

在讨论线性规划问题的求解前,先要了解线性规划解的概念. 一般线性规划问题的标准型为:

$$\max z = CX$$

$$\text{s. t.} \begin{cases} AX = b \\ X \geqslant \mathbf{0} \end{cases}$$

定义 2.1 满足上式约束条件的解 $X = \begin{bmatrix} x_1 \\ x_2 \\ \vdots \\ x_n \end{bmatrix}$,称为线性规划问题的可行解. 全部可行解的集合称为可行域.

定义 2.2 使目标函数达到最大值的可行解称为最优解,对应的目标函数值称为最优值.

定义 2.3 设 $A_{m \times n} (m \leqslant n)$ 为约束方程组的系数矩阵,其秩为 m. $B_{m \times m}$ 是矩阵 A 中的子矩阵且是满秩阵,则称 B 是线性规划问题的一个基(基矩阵).

定义 2.4 在约束方程组的关系矩阵中,设 $B = (P_1, P_2, \cdots, P_m)$,其列向量 $P_j (j = 1, 2, \cdots, m)$ 为基向量. 则基向量 P_j 对应的变量 x_j 称为基变量,其他的变量称为非基变量. 令所有非基变量 $x_{m+1}, x_{m+2}, \cdots, x_n = 0$,得到约束方程 $BX_B = b$,由克莱姆法则可得到唯一解 $X_B = (x_1, x_2, \cdots, x_m)^\mathrm{T}$,则称由约束方程确定的唯一解 $X = (x_1, x_2, \cdots, x_m,$

$0,\cdots,0)^{\mathrm{T}}$ 为线性规划问题的基解. 满足约束条件的基解称为基可行解.

若基变量中至少有一个分量为零,则称为退化的基可行解. 由此可知,退化基可行解中的非零分量一定小于 m,非退化解中非零分量一定等于 m,若有关线性规划问题的所有基可行解都是非退化解,则该问题为非退化线性规划问题;否则,称为退化线性规划问题. 各类解的关系如图 2.1 所示.

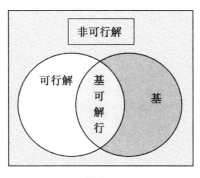

图 2.1

例 2.4　将例 2.1 转化为标准型,并找出一组基、基变量、基解、基可行解和可行基.

解:显然,标准型为:

$$\max z = 4x_1 + 3x_2 + 0x_3 + 0x_4 + 0x_5$$

$$\text{s. t.} \begin{cases} x_1 + x_3 = 6 \\ 2x_2 + x_4 = 8 \\ 2x_1 + 3x_2 + x_5 = 18 \\ x_j \geqslant 0, j = 1, \cdots, 5 \end{cases}$$

由此,约束方程的系数矩阵为

$$A = \begin{bmatrix} 1 & 0 & 1 & 0 & 0 \\ 0 & 2 & 0 & 1 & 0 \\ 2 & 3 & 0 & 0 & 1 \end{bmatrix}$$

矩阵秩不大于 3,而 $(p_3, p_4, p_5) = \begin{bmatrix} 1 & 0 & 0 \\ 0 & 1 & 0 \\ 0 & 0 & 1 \end{bmatrix}$ 是一个 3 阶的满秩阵,故 (p_3, p_4, p_5) 是一个基,x_3, x_4, x_5 是基变量,x_1, x_2 是非基变量. 令 $x_3 = 6, x_4 = 8, x_5 = 18$,则 $x = (0, 0, 6, 8, 18)^{\mathrm{T}}$ 是一个基解. 因该基解中所有变量取值为非负,故又是基可行解,对应的基 (p_3, p_4, p_5) 是一个可行基.

2.1.4　线性规划问题的图解法

图解法简单直观,有助于了解线性规划问题求解的基本原理. 现用例 2.1 来说明图解法. 例 2.1 的线性规划问题是:

$$\max z = 4x_1 + 3x_2$$

$$\text{s. t.} \begin{cases} x_1 \leqslant 6 \\ 2x_2 \leqslant 8 \\ 2x_1 + 3x_2 \leqslant 18 \\ x_1, x_2 \geqslant 0 \end{cases}$$

首先建立 $x_1 O x_2$ 坐标平面. 由非负约束 $x_1 \geqslant 0$、$x_2 \geqslant 0$ 可知, 所有可行解的集合(称为可行域)应在第一象限. 然后, 要逐个地查看每个函数约束允许的解, 最后再综合考虑所有的约束条件, 寻找所有单个约束条件允许解的交集, 确定可行域, 如图 2.2 的阴影部分所示.

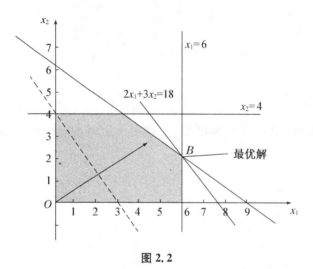

图 2.2

在图中做出梯度方向 $\vec{\partial} = (4, 3)$, 在可行域做出一条直线垂直 $\vec{\partial}$, 当该直线沿着梯度方向平移时, 目标函数值增大; 否则, 沿着反梯度方向平移时, 目标函数值减小. 本题是求最大值, 所以该直线沿梯度方向平移, 离开可行域的最后一点(6,2)为最优解.

由上例可以看出, 线性规划问题的最优解出现在可行域的一个顶点上, 此时线性规划问题有唯一最优解. 但有时线性规划问题还可能出现有无穷多个最优解, 无有限最优解, 甚至没有可行解的情况.

(1) 无穷多最优解.

若将上例中的目标函数变为求 $\max z = 4x_1 + 6x_2$, 则目标函数与等值区域边界线 $2x_1 + 3x_2 = 18$ 平行, 线段 BC 上的任意一点都使 z 取得相同的最大值, 此时线性规划问题有无穷多最优解(见图 2.3).

(2) 无界解.

考虑下列线性规划问题:

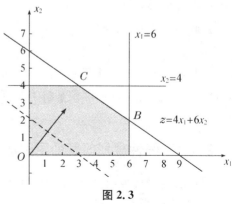

图 2.3

$$\max z = x_1 + x_2$$

$$\text{s. t.} \begin{cases} 2x_1 - x_2 \geqslant 3 \\ x_1 - 2x_2 \leqslant 4 \\ x_1, x_2 \geqslant 0 \end{cases}$$

确定可行域(如图 2.4 阴影部分所示),可以看出可行域无界,为求最优解做等值线 $x_1 + x_2 = k$,当 k 由小变大时,等值线沿梯度方向 $(1,1)^{\mathrm{T}}$ 平行移动,不论 k 值增大多少,等值线上总有一段位于可行域内,因此目标函数无上界,该问题无有限最优解.

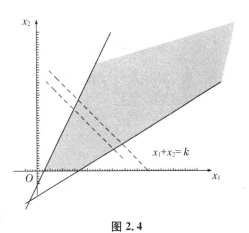

图 2.4

事实上,可行域无界时线性规划问题有时也有有限最优解,如上例中当目标函数变为 $\max z = -x_1 - x_2$ 时,线性规划问题有时也有有限最优解 $x_1 = 3, x_2 = 0$,即目标函数在 $(3,0)$ 点处取得最大值.

(3) 无可行解.

如果在例 2.1 的线性规划问题中增加一个约束条件 $x_1 + x_2 > 12$,则该问题的可行域为空集,即没有一个点满足所有的约束条件,问题无可行解,所以也不存在最优解.

图解法适用于求解只有两个决策变量的线性规划问题,具体步骤如下:

(1).画出每个函数约束的约束边界,用原点(或其他不在边界上的点)判断直线的哪一边是约束条件所允许的.

(2) 找出所有约束条件都同时满足的区域,即可行域.

(3) 给目标函数一个特定的值 k,画出目标函数等值线,当 k 变化时,目标函数等值线平行移动;对于目标函数最小化的问题,找出目标函数减少的方向,目标函数最后离开可行域的点是最优解.

(4) 从图解法可以看出,线性规划问题的可行域非空时,它是一个凸多边形,若线性规划问题存在最优解,它一定在可行域的某个顶点得到,若有唯一最优解,则一定在可行域的顶点处得到;若两个顶点同时达到最优解,则两个顶点之间线段上的任意一点都是最优解.

2.2　单纯形法

从上一节中我们看到,若线性规划有最优解,必在可行域的某个顶点达到. 最可能想到的是把所有顶点都找出来,然后逐个比较,求出最优解,这种方法事实上是行不通的,因为顶点的个数非常多. 例如,$m = 20, n = 40$,顶点的个数有 $C_{40}^{20} \approx 1.3 \times 10^{11}$ 个,要计算这么多顶点对象的目标函数值,显然是不可能的.

换一种思考方法,从某一个基本可行解出发,每次总是寻找比上一个更好的基本可行解,如果不比上一个好就不去计算,这样做就可以大大减少计算量. 其基本想法是判别当前解是否最优,提出问题的标准,从可行域中某个基可行解(一个顶点)开始,转换到另一个基可行解(顶点),并且使目标函数逐步增大,最后就得到了最优解. 美国数学家丹捷格提出的单纯形方法解决了此问题,单纯形方法到目前为止是求解线性规划的最普遍、最有效的方法.

2.2.1 初始基可行解的确定

为了确定初始基可行解,要首先找出初始可行基,其方法如下:

若线性规划问题:

$$\max z = \sum_{j=1}^{n} c_j x_j$$

$$\text{s. t.} \begin{cases} \sum\limits_{j=1}^{n} P_j x_j = b \\ x_j \geqslant 0; j=1,2,\cdots,n \end{cases}$$

从 A 中确定一个初始可行基,使得: $B = \begin{pmatrix} 1 & 0 & \cdots & 0 \\ 0 & 1 & \cdots & 0 \\ \vdots & \vdots & & \vdots \\ 0 & 0 & \cdots & 1 \end{pmatrix}$,构造初始可行基有两种方式. 若约束条件是"$\leqslant$"型的不等式,在每个约束条件的左端加上一个松弛变量. 经整理,重新对 x_i 及 a_{ij} 进行编号,可得到下列方程组:

$$x_1 + a_{1,m+1} x_{m+1} + \cdots + a_{1n} x_n = b_1$$
$$x_2 + a_{2,m+1} x_{m+1} + \cdots + a_{2n} x_n = b_2$$
$$\vdots$$
$$x_m + a_{m,m+1} x_{m+1} + \cdots + a_{mn} x_n = b_m$$

显然可以得到一个单位矩阵:

$$B = \begin{pmatrix} 1 & 0 & \cdots & 0 \\ 0 & 1 & \cdots & 0 \\ \vdots & \vdots & & \vdots \\ 0 & 0 & \cdots & 1 \end{pmatrix}$$

以 B 作为可行基,将每个等式移项:

$$x_1 = b_1 - a_{1,m+1} x_{m+1} - \cdots - a_{1n} x_n$$
$$x_2 = b_2 - a_{2,m+1} x_{m+1} - \cdots - a_{2n} x_n$$
$$\vdots$$
$$x_m = b_m - a_{m,m+1} x_{m+1} - \cdots - a_{mn} x_n$$

令 $x_{m+1} = x_{m+2} = \cdots = x_n = 0$,由上式可得到一个初始基可行解:

$$X = (x_1, x_2, \cdots, x_m, 0, \cdots, 0)^{\mathrm{T}} = (b_1, b_2, \cdots, b_m, 0, \cdots, 0)^{\mathrm{T}}$$

对所有约束条件是"$\geqslant$"形式的不等式及等式约束情况,化为标准型后若不存在单位矩阵式,就采用人造基方法.即对"≥"型不等式约束减去一个非负剩余变量,再加上一个非负人工变量;对于等式约束再加上一个非负的人工变量,总能得到一个单位矩阵.

2.2.2 最优解的检验和解的判别

由两个变量的线性规划图解方法,我们得到启示,线性规划问题的求解结果可能出现唯一最优、无穷多最优解、无界解和无可行解四种情况,为此需要建立对解的判别准则.根据上文得到的基解计算公式可归纳如下:

$$x_i = b'_i - \sum_{j=m+1}^{n} a'_{ij} x_j \quad (i = 1, 2, \cdots, m)$$

将上式代入目标函数式,整理后得到:

$$z = \sum_{i=1}^{m} c_i b'_i + \sum_{j=m+1}^{n} \left(c_j - \sum_{i=1}^{m} c_i a'_{ij} \right) x_j$$

令:

$$z_0 = \sum_{i=1}^{m} c_i b'_i, \quad z_j = \sum_{i=1}^{m} c_i a'_{ij}, \quad j = m+1, \cdots, n$$

于是:

$$z = z_0 + \sum_{j=m+1}^{n} (c_j - z_j) x_j$$

再令 $\sigma_j = c_j - z_j \ (j = m+1, \cdots, n)$

则:

$$z = z_0 + \sum_{j=m+1}^{n} \sigma_j x_j$$

(1) 最优解判别定理:若 $X^{(0)} = (b'_1, b'_2, \cdots, b'_m, 0, \cdots, 0)^T$ 为对应于基 B 的一个基可行解,且对于一切 $j = m+1, \cdots, n$ 有 $\sigma_j \leqslant 0$,则 $X^{(0)}$ 为最优解,称 σ_j 为检验数.

(2) 无穷多最优解判别定理:若 $X^{(0)} = (b'_1, b'_2, \cdots, b'_m, 0, \cdots, 0)^T$ 为一基可行解,对于一切 $j = m+1, \cdots, n$,有 $\sigma_j \leqslant 0$,又存在某个非基变量的检验数 $\sigma_{m+k} = 0$,则线性规划问题可能有无穷多最优解.

(3) 无界解判别定理:若 $X^{(0)} = (b'_1, b'_2, \cdots, b'_m, 0, \cdots, 0)^T$ 为一基可行解,有一个 $\sigma_{m+k} > 0$,并且对 $k = 1, 2, \cdots, m$,有 $a'_{i,m+k} \leqslant 0$,那么该线性规划问题具有无界解(或称为无穷解或无有限最优解).

2.2.3 基变换

若初始基可行解 $X^{(0)}$ 不是最优解及不能判断无界时,需要找一个新的基可行解.具体做法是从原可行解基中换出一个列向量(当然要保持线性独立),从原非可行基中换入一个列向量,得到一个新的可行基,称为基变换.为了换基,先要确定换入变量,再确定换出变量,让它们相应的系数列向量进行交换,得到一个新的基可行解.

1. 换入变量的确定

当某些 $\sigma_j > 0$ 时,x_j 增加则目标函数值还可以增大,这时要将某个非基变量 x_j 换入到基变量中去(称为换入变量).若有两个以上的 σ_j,那么选 $\sigma_j > 0$ 中大的那个,即:

$\max(\sigma_j>0)=\sigma_k$，则对应的 x_k 为换入变量．但也可以任选或按最小足码选．

2. 换出变量的确定

在确定 x_k 为换入变量后，由于其他的非基变量仍然为非基变量，即 $x_j=0$（$j=1$，$2,\cdots n$ 且 $j\neq k$），则约束方程组有：

$$x_i=b_i-a_{i,1}x_1-\cdots-a_{i,k}x_k-\cdots-a_{in}x_n\geqslant0$$
$$\Rightarrow x_k\rightarrow\infty(a_{ik}\leqslant0,i=1,2,\cdots,m)$$
$$x_i=b_i-a_{i,1}x_1-\cdots-a_{i,k}x_k-\cdots-a_{in}x_n\geqslant0$$
$$\Rightarrow x_k\leqslant\frac{b_i}{a_{ik}}(a_{ik}>0,i=1,2,\cdots,m)$$

由于所有的 $x_j\geqslant0$，所以若令：

$$\theta=\min_i\left\{\frac{b_i}{a_{ik}}\,\bigg|\,a_{ik}>0(i=1,2,\cdots,m)\right\}=\frac{b_l}{a_{lk}}$$

则 x_k 的增加不能超过 θ，此方程相应的变量 x_l 即为换出变量．这时的 θ 值是按最小比值来确定的，称为最小比值原则；与此相应的 a_{lk} 称为主元素．

2.2.4 单纯形表

首先介绍一下单纯形表，为了计算上的方便和规格化，对单纯形法计算设计了一种专门表格，称为单纯形表（见表 2.3）．

表 2.3

$c_j\rightarrow$			c_1	$\cdots\cdots$	c_m	c_{m+1}	$\cdots\cdots$	c_n	θ_i
C_B	X_B	b	x_1	$\cdots\cdots$	x_m	x_{m+1}	$\cdots\cdots$	x_n	
c_1	x_1	b_1	1	$\cdots\cdots$	0	$a_{1,m+1}$	$\cdots\cdots$	a_{1n}	θ_i
c_2	x_2	b_2	0	$\cdots\cdots$	0	$a_{2,m+1}$	$\cdots\cdots$	a_{2n}	θ_i
$\vdots$	$\vdots$	$\vdots$	$\vdots$		$\vdots$	$\vdots$		$\vdots$	$\vdots$
c_m	x_m	b_m	0	$\cdots\cdots$	1	$a_{m,m+1}$	$\cdots\cdots$	a_{nn}	θ_i
σ_j		$\sum_{i=1}^m c_i b_i$	0	$\cdots\cdots$	0	$c_{m+1}-\sum_{i=1}^m c_i a_{i,m+1}$	$\cdots\cdots$	$c_n-\sum_{i=1}^m c_i a_{in}$	

在单纯形表的第 2～3 列列出某个基可行解中的基变量及它们的取值，接下来列出问题中的所有变量．在基变量下面各列数字分别是对应的基向量数字．表中变量 x_1，$x_2,\cdots,x_m$ 下面各列组成的单位矩阵就是初始基可行解对应的基．

其中：每个基变量 x_j 下面的数字，是该变量在约束方程的系数向量 P_j 表达为基向量线性组合时的系数．

c_j 为表最上端的一行数，是各变量的目标函数中的系数值；

C_B 为表中最左端一列数，是与各基变量对应的目标函数中的系数值；

b 列中填入约束方程右端的常数．

检验数 $\sigma_j=c_j-z_j$（$j=m+1,\cdots,n$）称为变量 x_j 的检验数，将 x_j 下面的这列数字

P_j 与 C_B 这列数中同行的数字分别相乘,再用 x_j 上端 c_j 值减去上述乘积之和,即:

$$c_j - (c_1 a_{1j} + c_2 a_{2j} + \cdots + c_m a_{mj}) = c_j - \sum_{i=1}^{m} c_i a_{ij};$$

θ_i 列的数字是在确定换入变量后,按 θ 规则计算后填入;其中,$\theta_i = \dfrac{b_i}{a_{ij}}(a_{ij}>0)$($x_j$ 为换入变量).

2.2.5 单纯形法的计算步骤

根据以上讨论,将求解线性规划问题的单纯形法的计算步骤归纳如下:

第一步,求出线性规划的初始基可行解,列出初始单纯形表.

第二步,进行最优性检验.各非基变量检验数为 $\sigma_j = c_j - z_j (j = m+1, \cdots, n)$,如果 $\sigma_j \leqslant 0$,则表中的基可行解是问题的最优解,计算到此结束,否则进入下一步.

第三步,在 $\sigma_j > 0, j = m+1, \cdots, n$ 中,若有某个 σ_k 对应 x_k 的系数列向量 $P_k \leqslant 0$,则此问题无界,停止计算;否则,转入下一步.

第四步,从一个基可行解换到另一个目标函数值更大的基可行解,列出新的单纯形表.

(1)确定换入变量.有 $\sigma_j > 0$,对应的变量 x_j 就可作为换入变量,当有两个以上检验数大于零,一般取最大的 σ_k,即 $\sigma_k = \max\{\sigma_j | \sigma_j > 0\}$,取 x_k 作为换入变量.

(2)确定换出变量.根据最小 θ 规则,对 P_k 列由公式计算得:$\theta = \min\left\{\dfrac{b_i}{a_{ik}} \middle| a_{ik} > 0\right\} = \dfrac{b_l}{a_{lk}}$,确定是 x_l 换出变量.

(3)元素 a_{lk} 决定了从一个基本可行解到另一个可行解的转移去向,取名为主元素.以 a_{lk} 为主元素进行旋转变换,得到新的单纯形表,转到步骤二.

下面,我们用例 2.1 说明单纯形表进行迭代运算:

(1)根据问题的标准型,取松弛变量 x_3, x_4, x_5 为基变量,对应得单位矩阵的基,得到初始基可行解 $X^{(0)} = (0,0,6,8,18)^{\mathrm{T}}$,得到初始单纯形表,如表 2.4 所示.

表 2.4

C_B	X_B	b	x_1	x_2	x_3	x_4	x_5	θ_i
	$c_j \rightarrow$		4	3	0	0	0	
0	x_3	6	[1]	0	1	0	0	6/1
0	x_4	8	0	2	0	1	0	—
0	x_5	18	2	3	0	0	1	18/2
σ_j			0	4	3	0	0	0

其中,非基变量的检验数:

$$\sigma_1 = c_1 - C_B B^{-1} P_1 = 4 - (0, 0, 0) \begin{pmatrix} 1 \\ 0 \\ 2 \end{pmatrix} = 4$$

$$\sigma_2 = c_2 - C_B B^{-1} P_2 = 3 - (0, 0, 0) \begin{pmatrix} 0 \\ 2 \\ 3 \end{pmatrix} = 3$$

（2）由检验数 σ_1, σ_2 大于零，P_1, P_2 有正分量，转入下一步.

（3）$\max(\sigma_1, \sigma_2) = \max(4, 3) = 4$，对应 x_1 为进入变量.

$\theta = \min\{b_i/a_{i1} \mid a_{i1} > 0\} = \min\{6/1, -, 18/2\} = 6$

它对应的基变量 x_3 是换出基变量，x_3 所对应的行与 x_1 所对应的列包括检验数变为 $(1, 0, 0, 0)^{\mathrm{T}}$，在 X_B 列将 x_3 换成 x_1 得到新单纯形表（见表 2.5）.

表 2.5

	$c_j \rightarrow$		4	3	0	0	0	θ_i
C_B	X_B	b	x_1	x_2	x_3	x_4	x_5	
4	x_1	6	1	0	1	0	0	—
0	x_4	8	0	2	0	1	0	8/2
0	x_5	9	2	[3]	-2	0	1	6/3
	σ_j	-24	0	3	-4	0	0	

此时，新基变量 $X_B = (x_1, x_4, x_5)^{\mathrm{T}}$，对应于基可行解 $X^{(1)} = (6, 0, 0, 0, 8)^{\mathrm{T}}$，相应的目标值 $z = 24$. 检验表 2.5 中的检验数行得知 x_2 的检验数为 $3 > 0$，说明 x_2 应为换入基变量，计算 θ 值：

$$\theta = \min\left\{\frac{b_i}{a_{i2}} \,\middle|\, a_{i2} > 0\right\} = \min\{-, 8/2, 6/3\} = 2$$

所以对应的 x_5 为换出基变量，基变量 x_5 的行与进入基变量 x_2 的列交叉处元素 3 为主元素，再对主元素进行旋转变换，使 x_2 列变为单位向量 $(0, 0, 1, 0)^{\mathrm{T}}$，得到表 2.6.

表 2.6

	$c_j \rightarrow$		4	3	0	0	0	θ_i
C_B	X_B	b	x_1	x_2	x_3	x_4	x_5	
4	x_1	6	1	0	1	0	0	6
0	x_4	4	0	0	4/3	1	$-2/3$	4
3	x_2	2	0	1	$-2/3$	0	1/3	2
	σ_j	-30	0	0	-2	0	-1	-30

此时，基变量为 $X_B = (x_1, x_4, x_2)^{\mathrm{T}}$，对应的基可行解为 $X^{(3)} = (6, 2, 0, 4, 0)^{\mathrm{T}}$，对应目标函数值 $z = 30$. 由于所有检验数均小于或等于 0，所以此解是最优解，对应基为最优基.

2.3 单纯形法的进一步讨论

2.3.1 人工变量法

在前文中提到用人工变量法可以得到初始基可行解. 但加入人工变量的数学模型与未加人工变量的数学模型一般是不等价的.

设线性规划问题的约束条件是:

$$\sum_{j=1}^{n} p_j x_j = b$$

分别给每一个约束方程加入人工变量 $x_{n+1}, \cdots, x_{n+m}$, 得到:

$$\begin{cases} a_{11}x_1 + a_{12}x_2 + \cdots + a_{1n}x_n + x_{n+1} = b_1 \\ a_{21}x_1 + a_{22}x_2 + \cdots + a_{2n}x_n + x_{n+2} = b_2 \\ \qquad\qquad\qquad \vdots \\ a_{m1}x_1 + a_{1m}2x_2 + \cdots + a_{mn}x_n + x_{m+n} = b_m \\ x_1, x_2, \cdots, x_n \geq 0, x_{n+1}, \cdots x_{n+m} \geq 0 \end{cases}$$

以 $x_{n+1}, \cdots, x_{n+m}$ 为基变量, 并可得到一个 $m \times m$ 单位矩阵. 令非基变量 $x_1, \cdots, x_n$ 为零, 便可得到一个初始基可行解:

$$X^{(0)} = (0, \cdots, 0, b_1, b_2, \cdots, b_m)^{\mathrm{T}}$$

因为人工变量是最后加入原约束条件中的虚拟变量, 要求将它们从基变量中逐个替换出来. 若经过基的变换, 基变量中含有某个非零人工变量, 这表示有可行解. 若在最终表中当所有 $c_j - z_j \leq 0$, 而在其中还有某个非零人工变量, 这表示无可行解. 为了消除人工变量常用的方法有大 M 法和两阶段法.

1. 大 M 法

在一个线性规划问题的约束条件中加入人工变量后, 要求人工变量对目标函数取值不受影响, 为此假定人工变量在目标函数 ($\max z$) 中的系数为 $(-M)$ (M 为任意大的正数), 若目标函数为 $\min z$, 则人工变量在目标函数中系数为 M, 这样目标函数要实现最大化 (最小化) 时, 应把人工变量从基变量换出, 或者人工变量在基变量中, 但取值为 0. 否则目标函数不可能实现最大化 (最小化).

例 2.5 现有线性规划问题:

$$\min z = -3x_1 + x_2 + x_3$$

$$\text{s. t.} \begin{cases} x_1 - 2x_2 + x_3 \leq 11 \\ -4x_1 + x_2 + 2x_3 \geq 3 \\ -2x_1 + x_3 = 1 \\ x_1, x_2, x_3 \geq 0 \end{cases}$$

试用大 M 法求解.

解:在上述问题的约束条件中加入松弛变量、剩余变量和人工变量,得到:

$$\min z = -3x_1 + x_2 + x_3 + 0x_4 + 0x_5 + Mx_6 + Mx_7$$

$$\text{s. t.} \begin{cases} x_1 - 2x_2 + x_3 + x_4 = 11 \\ -4x_1 + x_2 + 2x_3 - x_5 + x_6 = 3 \\ -2x_1 + x_3 + x_7 = 1 \\ x_1, x_2, x_3, x_4, x_5, x_6, x_7 \geq 0 \end{cases}$$

这里 M 是一个任意大的正数.

用单纯形法进行计算(见表 2.7). 因本例是求 min,所以用所有 $c_j - z_j \geq 0$ 来判别目标函数是否实现了最小化. 表中的最终表表明得到最优解是:

$$x_1 = 4, x_2 = 1, x_3 = 9, x_4 = x_5 = x_6 = x_7 = 0$$

目标函数:$z = -2$

由于人工变量 $x_6 = x_7 = 0$,则原问题最优解为 $X^* = (4, 1, 9)^T, Z^* = -2.$

表 2.7

C_B	X_B	b	$c_j \rightarrow$ x_1 -3	x_2 1	x_3 1	x_4 0	x_5 0	x_6 M	x_7 M	θ_i
0	x_4	11	1	-2	1	1	0	0	0	11
M	x_6	3	-4	1	2	0	-1	1	0	3/2
M	x_7	1	-2	0	[1]	0	0	0	1	1
	$c_j - z_j$		$-3+6M$	$1-M$	$1-3M$	0	M	0	0	
0	x_4	10	3	-2	0	1	0	0	-1	
M	x_6	1	0	[1]	0	0	-1	1	-2	1
1	x_3	1	-2	0	1	0	0	0	1	
	$c_j - z_j$		-1	$1-M$	0	0	M	0	$3M-1$	
0	x_4	10	[3]	0	0	1	-2	2	-5	4
1	x_6	1	0	1	0	0	-1	1	-2	
1	x_3	1	-2	0	1	0	0	0	1	
	$c_j - z_j$		-1	0	0	0	1	$M-1$	$M+1$	
-3	x_1	4	1	0	0	1/3	$-2/3$	2/3	$-5/3$	
1	x_2	1	0	1	0	-1	-1	1	-2	
1	x_3	9	0	0	1	$-2/3$	$-4/3$	4/3	$-7/3$	
	$c_j - z_j$		2	0	0	1/3	1/3	$M-1/3$	$M-2/3$	

2. 两阶段法

用电子计算机求解含人工变量的线性规划问题时,只能用很大的数代替 M,这就可能造成计算上的错误,故介绍两阶段法求线性规划问题.

第一阶段:不考虑原问题是否存在基可行解;给原线性规划问题加入人工变量,并构造仅含人工变量的目标函数和要求实现最小化,如:

$$\min \omega = x_{n+1} + \cdots + x_{n+m} + 0x_1 + \cdots + 0x_n$$

$$\text{s. t.} \begin{cases} a_{11}x_1 + \cdots + a_{1n}x_n + x_{n+1} = b_1 \\ a_{21}x_1 + \cdots + a_{2n}x_n + x_{n+2} = b_2 \\ \qquad\cdots \\ a_{m1}x_1 + \cdots + a_{mn}x_n + x_{n+m} = b_m \\ x_1, x_2, \cdots, x_{n+m} \geqslant 0 \end{cases}$$

然后用单纯形法求解上述模型,若得到 $\omega = 0$,这说明原问题存在基可行解,可以进行第二阶段计算;否则原问题不可行,应停止计算.

第二阶段:将第一阶段计算得到的最终表,除去人工变量.将目标函数换回原问题的目标函数,作为第二阶段的计算方法及步骤,与单纯形法相同.

例 2.6　线性规划:

$$\min z = -3x_1 + x_2 + x_3$$

$$\text{s. t.} \begin{cases} x_1 - 2x_2 + x_3 \leqslant 11 \\ -4x_1 + x_2 + 2x_3 \geqslant 3 \\ -2x_1 + 2x_3 = 1 \\ x_1, x_2, x_3 \geqslant 0 \end{cases}$$

试用两阶段法求解.

解:先在上述线性规划问题的约束方程中加入人工变量,给出第一阶段的数学模型为:

$$\min w = x_4 + x_5$$

$$\text{s. t.} \begin{cases} x_1 - 2x_2 + x_3 + x_4 = 11 \\ -4x_1 + x_2 + 2x_3 - x_5 + x_6 = 3 \\ -2x_1 + 2x_3 + x_7 = 1 \\ x_1, x_2, x_3, x_4, x_5, x_6, x_7 \geqslant 0 \end{cases}$$

这里 x_6, x_7 是人工变量.用单纯形法求解(见表 2.8).第一阶段求得的结果是 $w = 0$.得到最优解是:

$$x_1 = 0, x_2 = 1, x_3 = 1, x_4 = 12, x_5 = x_6 = x_7 = 0$$

因人工变量 $x_6 = x_7 = 0$,所以 $(0,1,1,12,0)^{\mathrm{T}}$ 是这线性规划问题的基可行解.于是可以进行第二阶段运算.将第一阶段的最终表中的人工变量取消填入原问题的目标函数的系数,进行阶段计算(见表 2.9).

表 2.8

C_B	X_B	b	$c_j \to$ 0	0	0	0	0	1	1	θ_i
			x_1	x_2	x_3	x_4	x_5	x_6	x_7	
0	x_4	11	1	-2	1	1	0	0	0	11
1	x_6	3	-4	1	2	0	-1	1	0	3/2
1	x_7	1	-2	0	[1]	0	0	0	1	1
σ_j			6	-1	-3	0	1	0	0	
0	x_4	10	3	-2	0	1	0	0	-1	
1	x_6	1	0	[1]	0	0	-1	1	-2	1
0	x_3	1	-2	0	1	0	0	0	1	
			0	-1	0	0	1	0	3	
0	x_4	12	3	0	0	1	-2	2	-5	4
1	x_6	1	0	1	0	0	-1	1	-2	
0	x_3	1	-2	0	1	0	0	0	1	
			0	0	0	0	0	1	1	

表 2.9

C_B	X_B	b	$c_j \to$ -3	1	1	0	0	θ_i
			x_1	x_2	x_3	x_4	x_5	
0	x_4	12	3	0	0	1	-2	4
1	x_2	1	0	1	0	0	-1	—
1	x_3	1	-2	0	1	0	0	—
σ_j			-1	0	0	0		1
-3	x_1	4	1	0	0	1/3	$-2/3$	
1	x_2	1	0	1	0	0	-1	
1	x_3	9	0	0	1	2/3	$-4/3$	
σ_j			2	0	0	0	1/3	1/3

从表中得到最优解为 $x_1=4$, $x_2=1$, $x_3=9$, 目标函数值 $z=-2$.

2.3.2 退化

单纯形法计算中用 θ 规则确定换出变量时, 有时存在两个以上相同的最小比值, 这样在下一次迭代中就有一个或几个基变量等于零, 这就出现退化解. 这时换出变量 $x_l=0$, 迭代后目标函数值不变, 这时不同基表示为同一顶点. 有人构造了一个特例, 当出现退化时, 进行多次迭代, 而基从 B_1, B_2, $\cdots$ 又返回到 B_1, 即出现计算过程的循环, 便永远达不到最优解.

尽管计算过程的循环现象极少出现,但还是有可能的. 为解决这个问题,先后有人提出了"摄动法""辞典序". 1974 年由勃兰特(Bland)提出一种简便的规则,简称勃兰特规则.

(1) 选取 $\sigma_j > 0$ 中下标最小的非基变量 x_k 为换入变量,即:
$$k = \min(j \,|\, \sigma_j > 0)$$

(2) 当按 θ 规则计算存在两个以上最小比值时,选取下标最小的基变量为换出变量.

按勃兰特规则计算时,一定能避免出现循环.

2.4　单纯形法的矩阵描述

用矩阵来描述单纯形法的计算过程,有助于加深我们对单纯形法的理解.

对于线性规划问题:
$$\max z = CX$$
$$\text{s. t.} \begin{cases} AX \leqslant B \\ X \geqslant 0 \end{cases}$$

加入松弛变量 $X_s = (X_{n+1}, X_{n+2}, \cdots, X_{n+m})^{\mathrm{T}}$ 以后,得到标准型:
$$\max z = CX + 0X_s$$
$$\text{s. t.} \begin{cases} AX + IX_s = b \\ X \geqslant 0, X_s \geqslant 0 \end{cases}$$

这里 I 是 $m \times m$ 单位矩阵.

设 B 是一个可行基,也称基矩阵. 将系数矩阵 (A, I) 分为 (B, N) 两块,这里 N 是非基变量的系数矩阵.

对应于 B 的变量 $x_{B1}, x_{B2}, \cdots, x_{Bn}$ 是基变量,用向量 X_B 表示. 其他为非基变量,用向量 X_N 表示,则 $X = \begin{bmatrix} X_B \\ X_N \end{bmatrix}$.

同时将 C 也分为两块 (C_B, C_N). C_B 是目标函数中基变量 X_B 的系数行向量;C_N 是目标函数中非基变量 X_N 的系数行向量. 于是约束条件可以转化为:
$$(B, N) \begin{bmatrix} X_B \\ X_N \end{bmatrix} = b$$
$$(C_B, C_N) \begin{bmatrix} X_B \\ X_N \end{bmatrix} = C_B X_B + C_N X_N$$

这时可以将原问题改写为:
$$\max z = C_B X_B + C_N X_N$$
$$\text{s. t.} \begin{cases} BX_B + NX_N = b \\ X_B, X_N \geqslant 0 \end{cases}$$

将约束条件进行等价转换后得到：

$$X_B = B^{-1}b - B^{-1}NX_N$$

将上式代入目标函数得到：

$$z = C_BB^{-1}b + (C_N - C_BB^{-1}N)X_N$$

令非基变量 $X_N = 0$，可以得到一个基可行解 $X^{(1)} = \begin{pmatrix} B^{-1}b \\ 0 \end{pmatrix}$.

对应目标函数值为 $z^{(1)} = C_BB^{-1}b$.

从以上分析可以看出：

(1) 非基变量的系数 $C_N - C_BB^{-1}N$ 就是单纯形法中的检验数.

(2) 用矩阵描述时，θ 规则的表达式是：

$$\theta = \min\left\{ \frac{(B^{-1}b)_i}{(B^{-1}P_j)_i} \,\middle|\, (B^{-1}P_j)_i > 0 \right\}$$

这里 $(B^{-1}b)_i$ 是向量 $(B^{-1}b)$ 中第 i 个元素，$(B^{-1}P_j)_i$ 是向量 $(B^{-1}P_j)$ 中第 i 个元素. 这里 θ 的表达式的形式与之前有所不同，但是其含义完全相同.

为了方便于在单纯形表中找到 B^{-1} 所在位置，将 $z = C_BX_B + C_NX_N$ 改写为 $-z + C_BX_B + C_{N'}X_{N'} + 0X_s = 0$，约束条件 $BX_B + NX_N = b$ 也改写为 $BX_B + N'X_{N'} + IX_s = b$.

X_s 是当前的基本变量，$X_{N'}$ 为其他的非基本变量，当确定 X_B 为新的基变量时，经过基变换，可以得到：

$$X_B + B^{-1}N'X_{N'} + B^{-1}X_s = B^{-1}b$$

$$-z + (C_{N'} - C_BB^{-1}N')X_{N'} + C_BB^{-1}X_s = -C_BB^{-1}b$$

上述两式用矩阵关系式表示为：

$$\begin{pmatrix} 0 & I & B^{-1}N' & B^{-1} \\ 1 & 0 & C_{N'} - C_BB^{-1}N' & -C_BB^{-1} \end{pmatrix} \begin{pmatrix} -z \\ X_B \\ X_{N'} \\ X_s \end{pmatrix} = \begin{pmatrix} B^{-1}b \\ -C_BB^{-1}b \end{pmatrix}$$

这些分块的系数矩阵可以用表格形式表示（见表 2.10）.

表 2.10

基变量	非基变量		RHS
	$X_{N'}$	X_s	
I	$B^{-1}N'$	B^{-1}	$B^{-1}b$
0	$C_{N'} - C_BB^{-1}N'$	$-C_BB^{-1}$	$-C_BB^{-1}b$

在分块的系数矩阵中，$(0,1)^{\mathrm{T}}$ 这一列不参加运算，所以表格中不填这些数字. 表 2.10 即为迭代后的计算表，各部分数字都可以用矩阵的运算求得. 此外可见在初始单位矩阵的位置，在各个运算表中就是 B^{-1} 的所在位置.

由于单纯形法的迭代过程中基矩阵的逆矩阵 B^{-1} 求出后，单纯形表上的其他行和列的数字也随之可以确定. 按这一分析对单纯形法进行改进，计算步骤为：

（1）根据给出的线性规划问题，在加入松弛变量或人工变量后，得到初始基变量.求初始基矩阵 B 的逆矩阵 B^{-1}.

求出初始解：

$$\begin{bmatrix} X_B \\ X_N \end{bmatrix} = \begin{bmatrix} B^{-1}b \\ 0 \end{bmatrix}$$

然后计算单纯形乘子 $Y = C_B B^{-1}$.

（2）计算非基变量 X_N 的检验数 σ_N，$\sigma_N = C_N - C_B B^{-1}N$. 若 $\sigma_N \leqslant 0$，已经得到最优解，可以停止计算；若不是，转下一步.

（3）根据 $\max(\sigma_j | \sigma_j > 0) = \sigma_k$ 所对应的非基变量 X_k 为换入变量计算 $B^{-1}P_k$，若 $B^{-1}P_k \leqslant 0$，那么问题无解，停止计算；否则进入下一步.

（4）根据 θ 规则，求出：

$$\theta = \min\left\{ \frac{(B^{-1}b)_i}{(B^{-1}P_j)_i} \middle| (B^{-1}P_j)_i > 0 \right\} = \frac{(B^{-1}b)_l}{(B^{-1}P_k)_l}$$

它对应的基变量 X_l 为换出变量.是可以给出一组新的基变量以及新的基矩阵 B_1.

（5）计算新的基矩阵 B_1 的逆矩阵 B_1^{-1}，求出 $B_1^{-1}b$ 和 $Y = C_{B1}B_1^{-1}$.重复（2）～（5）.

单纯形法的迭代过程中，上一步迭代的基 B 与下一步迭代的基 B_1 之间只差了一个变量.如何只根据 B^{-1} 和换入变量 X_k 的系数列向量 P_k 来计算出 B_1^{-1}，而不是直接求出 B_1^{-1}，其计算过程为：

① 把 $m \times m$ 单位矩阵 I_m 表示为 $I_m = (e_1, e_2, \cdots, e_m)$. e_i 表示第 i 个位置的元素是 1，其他元素均为 0 的单位列向量.

② 设 X_k 为换入变量，X_l 为换出变量，则有 $B_1^{-1} = EB^{-1}$.

$$E = (e_1, e_2, \cdots, e_{i-1}, \xi, e_{i+1}, \cdots, e_m)$$

其中：

$$\xi = \left(\frac{-a_{1k}}{a_{lk}}, \frac{-a_{2k}}{a_{lk}}, \cdots, \frac{l}{a_{lk}}, \cdots, \frac{-a_{mk}}{a_{lk}} \right)^{\mathrm{T}}$$

例 2.7 用改进单纯形法求解.

$$\max z = 2x_1 + 3x_2 + 0x_3 + 0x_4 + 0x_5$$

$$\text{s. t.} \begin{cases} x_1 + 2x_2 + x_3 = 8 \\ 4x_1 + x_4 = 16 \\ 4x_2 + x_5 = 12 \\ x_i \geqslant 0, i = 1, 2, \cdots, 5 \end{cases}$$

解：初始基 $B_0 = (P_3, P_4, P_5)$ 是单位阵，基变量 $X_{B_0} = (x_3, x_4, x_5)^{\mathrm{T}}$.相应地，$C_{B_0} = (0,0,0)$，$X_{N_0} = (x_1, x_2)$，$C_{N_0} = (2,3)$.计算非基变量检验数 $\sigma_{N_0} = C_{N_0} - C_{B_0} B^{-1}N_0 = (2,3)$，由此可以确定 x_2 为换入变量，计算：

$$\theta = \min\left\{ \frac{(B_0^{-1}b)_i}{(B_0^{-1}P_2)_i} \middle| (B^{-1}P_2)_i > 0 \right\} = \left\{ \frac{8}{4}, -, \frac{12}{4} \right\} = 3$$

对应的换出变量为 x_5.

于是得到新的基 $B_1 = (P_3, P_4, P_2)$，$X_{B_1} = (x_3, x_4, x_2)^T$，$C_{B_1} = (0, 0, 3)$，$C_{N_1} = (2, 0)$.

下面进行基转换，$\xi_1 = \begin{pmatrix} \dfrac{-1}{2} \\ 0 \\ \dfrac{1}{4} \end{pmatrix}$，$E_1 = \begin{pmatrix} 1 & 0 & \dfrac{-1}{2} \\ 0 & 1 & 0 \\ 0 & 0 & \dfrac{1}{4} \end{pmatrix}$：

$$B_1^{-1} = E_1 B_0^{-1} = \begin{pmatrix} 1 & 0 & \dfrac{-1}{2} \\ 0 & 1 & 0 \\ 0 & 0 & \dfrac{1}{4} \end{pmatrix}$$

非基变量检验数：

$$\sigma_{N_1} = C_{N_1} - C_{B_1} B_1^{-1} N_1$$

$$= (2, 0) - (0, 0, 3) \begin{pmatrix} 1 & 0 & \dfrac{-1}{2} \\ 0 & 1 & 0 \\ 0 & 0 & \dfrac{1}{4} \end{pmatrix} \begin{pmatrix} 1 & 0 \\ 4 & 0 \\ 0 & 1 \end{pmatrix} = \left(2, -\dfrac{3}{4} \right)$$

所以下一步换入变量为 x_1，计算：

$$\theta = \min \left\{ \dfrac{(B_1^{-1} b)_i}{(B_1^{-1} P_1)_i} \,\middle|\, (B^{-1} P_1)_i > 0 \right\} = \left\{ \dfrac{2}{1}, \dfrac{16}{4}, \dfrac{3}{0} \right\} = 2$$

换出变量为第一基本变量 x_3. 于是得到新的基 $B_2 = (P_1, P_4, P_2)$，$X_{B_2} = (x_1, x_4, x_2)^T$，$C_{B_2} = (2, 0, 3)$，$C_{N_2} = (0, 0)$

第二步迭代计算：

$$\xi_2 = \begin{pmatrix} 1 \\ -4 \\ 0 \end{pmatrix}, E_2 = \begin{pmatrix} 1 & 0 & 0 \\ -4 & 1 & 0 \\ 0 & 0 & 1 \end{pmatrix}$$

所以，$B_2^{-1} = E_2 B_1^{-1} = \begin{pmatrix} 1 & 0 & \dfrac{-1}{2} \\ -4 & 1 & 2 \\ 0 & 0 & \dfrac{1}{4} \end{pmatrix}$.

非基变量检验数：

$$\sigma_{N_2} = C_{N_2} - C_{B_2} B_2^{-1} N_2$$

$$= (0, 0) - (2, 0, 3) \begin{pmatrix} 1 & 0 & \dfrac{-1}{2} \\ -4 & 1 & 2 \\ 0 & 0 & \dfrac{1}{4} \end{pmatrix} \begin{pmatrix} 1 & 0 \\ 0 & 0 \\ 0 & 1 \end{pmatrix} = \left(-2, \dfrac{1}{4} \right)$$

x_5 为换入变量,再确定换出变量:

$$\theta = \min\left\{ \frac{(B_2^{-1}b)_i}{(B_2^{-1}P_5)_i} \,\middle|\, (B^{-1}P_2)_i > 0 \right\} = \left\{ -, \frac{8}{2}, \frac{3}{\frac{1}{4}} \right\} = 4$$

所以对应的换出变量为 x_4.再重复之前的步骤,最后得到最优解:
$$X^* = (4, 2, 0, 0, 4)^T$$

习　题

2.1　用图解法求解下列线性规划问题,并指出问题是具有唯一最优解、无穷多最优解、无界解还是无可行解?

(1)
$$\max z = x_1 + 3x_2$$
$$\text{s. t.} \begin{cases} 5x_1 + 10x_2 \leqslant 50 \\ x_1 + x_2 \geqslant 1 \\ x_2 \leqslant 4 \\ x_1, x_2 \geqslant 0 \end{cases}$$

(2)
$$\min z = x_1 + 1.5x_2$$
$$\text{s. t.} \begin{cases} x_1 + 3x_2 \geqslant 3 \\ x_1 + x_2 \geqslant 2 \\ x_1, x_2 \geqslant 0 \end{cases}$$

(3)
$$\max z = 2x_1 + 2x_2$$
$$\text{s. t.} \begin{cases} x_1 - x_2 \geqslant -1 \\ -0.5x_1 + x_2 \leqslant 2 \\ x_1, x_2 \geqslant 0 \end{cases}$$

(4)
$$\max z = x_1 + x_2$$
$$\text{s. t.} \begin{cases} x_1 - x_2 \geqslant 0 \\ 3x_1 - x_2 \leqslant -3 \\ x_1, x_2 \geqslant 0 \end{cases}$$

2.2　将下列线性规划问题化为标准形式.

(1)
$$\min z = -4x_1 + x_2 - 2x_3$$
$$\text{s. t.} \begin{cases} 4x_1 - x_2 + 2x_3 \leqslant 8 \\ 2x_1 + x_2 + 3x_3 \geqslant 4 \\ -3x_1 + x_2 - x_3 = -6 \\ x_1 \geqslant 0, x_2 \text{ 无约束}, x_3 \leqslant 0 \end{cases}$$

(2)
$$\min z = -2x_1 + 3x_2 - 4x_3 + x_4$$
$$\text{s. t.} \begin{cases} x_1 + x_2 + 3x_3 + 2x_4 \leqslant 6 \\ -2x_1 + 3x_2 - x_3 - 2x_4 \geqslant -4 \\ x_1 + 2x_2 - x_3 + x_4 = 9 \\ x_1 \geqslant 0, x_2 \geqslant 0, x_3, x_4 \text{ 无符号约束} \end{cases}$$

2.3　用图解法和单纯形法求解下列线性规划问题,并指出单纯形法迭代的每一步得到的基可行解对应与图解法可行域中的哪个点.

(1)
$$\max z = 2x_1 + x_2$$
$$\text{s. t.} \begin{cases} 3x_1 + 2x_2 \leqslant 12 \\ 5x_1 + x_2 \leqslant 10 \\ x_1, x_2 \geqslant 0 \end{cases}$$

(2)
$$\max z = 3x_1 + 2x_2$$
$$\text{s. t.} \begin{cases} 2x_1 + x_2 \leqslant 4 \\ 2x_2 \leqslant 5 \\ x_1 + 3x_2 \leqslant 6 \\ x_1, x_2 \geqslant 0 \end{cases}$$

2.4　对下列线性规划问题,找出所有基本解,判断哪些是基可行解,并用图解法说明.

$$\max z = 3x_1 + 2x_2$$

(1) s. t. $\begin{cases} x_1 + x_2 \leqslant 6 \\ 2x_1 + x_2 \leqslant 10 \\ x_1, x_2 \geqslant 0 \end{cases}$

$$\max z = 3x_1 + 2x_2$$

(2) s. t. $\begin{cases} -x_1 + 2x_2 \leqslant 5 \\ x_1 + x_2 \leqslant 4 \\ 5x_1 + 3x_2 \leqslant 15 \\ x_1, x_2 \geqslant 0 \end{cases}$

2.5 求解下列线性规划问题.

$$\max z = 3x_1 + 2x_2$$

(1) s. t. $\begin{cases} -x_1 + 2x_2 \leqslant 4 \\ 3x_1 + 2x_2 \leqslant 16 \\ x_1 - x_2 \leqslant 3 \\ x_1, x_2 \geqslant 0 \quad i = 1,2,3 \end{cases}$

$$\max z = x_1 + 6x_2 + 4x_3$$

(2) s. t. $\begin{cases} -x_1 + 2x_2 + 2x_3 \leqslant 10 \\ 4x_1 - 4x_2 + x_3 \leqslant 20 \\ x_1 + 2x_2 + x_3 \leqslant 17 \\ x_i \geqslant 0 \quad i = 1,2,3 \end{cases}$

$$\max z = 2x_1 + 3x_2 + 5x_3$$

(3) s. t. $\begin{cases} 2x_1 + x_2 + 3x_3 \leqslant 10 \\ x_1 + 2x_2 + x_3 \leqslant 6 \\ 2x_1 + 2x_2 \leqslant 8 \\ x_i \geqslant 0 \quad i = 1,2,3 \end{cases}$

$$\min z = 2x_1 + 3x_2 - x_3$$

(4) s. t. $\begin{cases} x_1 - 4x_4 + x_5 - 2x_6 = 5 \\ x_2 + 2x_4 - 3x_5 + x_6 = 4 \\ x_3 + 2x_4 - 5x_5 + 6x_6 = 6 \\ x_i \geqslant 0 \quad i = 1,2,3,4,5,6 \end{cases}$

$$\min z = -6x_1 + x_2 - 10x_3 + x_4$$

(5) s. t. $\begin{cases} 5x_1 + x_2 - 4x_3 + 3x_4 \leqslant 20 \\ 3x_1 - 2x_2 + 2x_3 + x_4 \leqslant 25 \\ 4x_1 - x_2 + x_3 + 3x_4 \leqslant 10 \\ x_i \geqslant 0 \quad i = 1,2,3,4 \end{cases}$

第3章 整数规划

关键词

整数规划（Integer Programming）

整数线性规划（Integer Linear Programming）

混合整数规划（Mixed Integer Programming）

0-1规划（Zero-one Integer Programming）

分支定界法（Branch and Bound Method）

割平面法（Cutting Plane Algorithm）

内容概述

线性规划问题的解都假设为具有连续型数值,但是在许多实际问题中,决策变量仅仅在取整数值时才有意义,比如变量表示的是工人的数量、机器的台数、货物的箱数、装货的车皮数等.为了满足整数解的要求,比较自然的简便方法似乎就是把用线性规划方法所求得的分数解进行"四舍五入"或"取整"处理.虽然这样做有时也可以取得与整数最优解相近的可行整数解,但是有时这样处理得到的解可能不是整数最优解,甚至不是原问题的可行解,因而发展出分支定界法和割平面法等整数规划问题的专用解法.

3.1 整数规划数学模型

在一个线性规划问题中,如果它的所有决策变量都要求取整数时,就称为纯整数规划;如果仅部分决策变量要求取整数则称为混合整数规划,二者统称为整数规划.整数规划的一个特殊情形是0-1规划,它的决策变量取值仅限于0或1两个逻辑值.

例3.1 某厂拟用火车装运甲、乙两种货物集装箱,每箱的体积、重量、可获利润以及装运所受限制如表3.1所示.两种货物各装运多少箱,可使获得利润最大?

表 3.1

货物集装箱	体积(立方米)	重量(百斤)	利润(百元)
甲	5	2	20
乙	4	5	10
托运限制	24	13	

解：设甲、乙两种货物装运箱数分别为 x_1 和 x_2，显然，x_1 和 x_2 都需取整数，于是可建立整数规划模型如下：

$$\max z = 20x_1 + 10x_2$$

$$\text{s. t.} \begin{cases} 5x_1 + 4x_2 \leqslant 24 \\ 2x_1 + 5x_2 \leqslant 13 \\ x_1, x_2 \geqslant 0 \\ x_1, x_2 \text{ 为整数} \end{cases}$$

若暂且不考虑 x_1 和 x_2 取整数这一条件，则规划就变为下列线性规划：

$$\max z' = 20x_1 + 10x_2$$

$$\text{s. t.} \begin{cases} 5x_1 + 4x_2 \leqslant 24 \\ 2x_1 + 5x_2 \leqslant 13 \\ x_1, x_2 \geqslant 0 \end{cases}$$

去掉整数限定后的规划问题称为原整数规划的伴随规划或松弛规划. 求解例 3.1 的伴随规划：$x_1 = 4.8, x_2 = 0, z' = 96$.

但此解不满足整数要求，因此它不是原规划的最优解，一个直观的想法是对伴随规划的解进行四舍五入处理，得到 $x_1 = 5, x_2 = 0$，但它不是原规划的可行解.

若伴随规划的可行域是有界的，则原整数规划的可行域应是伴随规划可行域中有限个格点(整数点)的集合. 因此，另一个直接的思路是能否用"穷举法"来求解整数规划. 将伴随规划中所有整数点的目标函数值都计算出来，然后逐一比较找出最优解. 这种方法对变量所能取的整数值个数较少时，勉强可以应用，如本例 x_1 可取 $0,1,2,3,4$ 共 5 个数值，而 x_2 只能取 $0,1,2$ 共三个数值，因此其组合最多为 15 个(其中还包含不可行的点). 但对大型问题，这种组合数的个数可能大得惊人，如在指派问题中，有 n 项任务指派 n 个人去完成，不同的指派方案共有 $n!$ 种. 当 $n = 20$ 时，这个数超过 2^{1013}. 显然穷举法并不是求解整数规划的有效方法. 自 20 世纪 60 年代以来，已发展了一些常用的解整数规划的算法，如各种类型的割平面法、分支定界法、解 0-1 规划的隐枚举法、分解方法、群论方法、动态规划方法等. 近十年来有人发展了一些近似算法及用计算机模拟法，也取得了较好的效果.

割平面法是从松弛问题的一个非整数的最优解出发，序贯地每次添加一个新的线性不等式(其对应线性方程所代表的超平面即称为割平面)，求解新的松弛问题. 每次增添的新的不等式要满足两个条件：①前一个不等式的最优解不满足这个不等式，即松弛问题的可行解集合被割去了一块. ②S 中的"点"都满足这个不等式，即保证整数可行解不被割去.

3.2 分支定界法

在 20 世纪 60 年代初,Land Doig 和 Dakin 等人提出了分支定界法.由于该方法灵活且便于用计算机求解,所以目前已成为解整数规划的重要方法之一.分支定界法既可用来解纯整数规划,也可用来解混合整数规划.

分支定界法的主要思路是首先求解整数规划的伴随规划,如果求得的最优解不符合整数条件,则增加新约束——缩小可行域;将原整数规划问题分支——分为两个子规划,再解子规划的伴随规划.通过求解一系列子规划的伴随规划及不断地定界,最后得到原整数规划问题的整数最优解.

3.2.1 分支定界的主要思路

下面结合一个例题来介绍分支定界法的主要思路.

例 3.2 某公司计划建筑两种类型的宿舍.甲种每幢占地 $0.25\,m\times10^3\,m$,乙种每幢占地 $0.4\,m\times10^3\,m$.该公司拥有土地 $3\,m\times10^3\,m$.计划甲种宿舍不超过 8 幢,乙种宿舍不超过 4 幢.甲种宿舍每幢利润为 10 万元,乙种宿舍每幢利润为 20 万元.问该公司应计划甲、乙两种类型宿舍各建多少幢时能使公司获利最大?

解:设计划甲种宿舍建 x_1 幢,乙种宿舍建 x_2 幢.

本题数学模型为:

$$\max z = 20x_1 + 10x_2$$

$$\text{s. t.}\begin{cases} 0.25x_1 + 0.4x_2 \leqslant 3 \\ x_1 \leqslant 8 \\ x_2 \leqslant 4 \\ x_1, x_2 \geqslant 0,\text{为整数} \end{cases}$$

将其记为 A,求解伴随问题 B(去掉 A 中的变量取整限定),得到:

$$X_0' = (5.6, 4)^{\mathrm{T}}, z_0' = 136$$

若问题 B 无可行解,则问题 A 也无可行解,停止计算.若问题 B 的最优解 X_0' 满足问题 A 的整数条件,则 X_0' 也是问题 A 的最优解,停止计算.

(1) 计算原问题 A 目标函数值的初始上界 $\bar{z}$.

因为问题 B 的最优解不满足整数条件,因此 X_0' 不是问题的最优解,A 的可行域 K_0 和问题 B_0 的可行域 K_0'(见图 3.1)的关系为 $K_0 \subset K_0'$,故问题

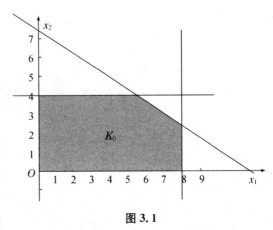

图 3.1

A 的最优值不会超过问题 B 的最优值,即有 $z^* \leqslant z_0'$. 因此,可令 z_0' 作为 z^* 的初始上界 $\bar{z}$,即 $\bar{z} = 136$.

(2) 计算原问题 A 目标函数值的初始下界 $\underline{z}$.

若能从问题 A 的约束条件中观察到一个整数可行解,则可将其目标函数值作为问题 A 目标函数值的初始下界,否则可令初始下界 $\underline{z} = -\infty$. 给定下界的目的,是希望在求解过程中寻找比当前 $\underline{z}$ 更好的原问题的目标函数值.

对于本例,很容易得到一个明显的可行解 $X = (0,0)^{\mathrm{T}}, z = 0$. 问题 A 的最优目标函数值决不会比它小,故可令 $\underline{z} = 0$.

(3) 增加约束条件将原问题分支.

当 X_0' 不满足整数条件时,在 X_0' 中任选一个不符合整数条件的变量,如本例选 $x_1 = 5.6$,显然问题 A 的整数最优解只能是 $x_1 \leqslant 5$ 或 $x_2 \geqslant 6$,而绝不会在 5 与 6 之间. 因此当将可行域 K_0 切去 $5 < x_1 < 6$ 部分时,并没有切去 A 的整数可行解. 可以用分别增加约束条件 $x_1 \leqslant 5$ 及 $x_2 \geqslant 6$ 后,K_0^* 分为 K_1^* 及 K_2^* 两部分,切去了 $5 < x_1 < 6$ 部分. 问题 A_0 分为问题 A_1 及问题 A_2 两个子规划.

$$\text{问题 } A_1$$
$$\max z = 20x_1 + 10x_2$$
$$\text{s. t.} \begin{cases} 5x_1 + 8x_2 \leqslant 60 \\ x_1 \leqslant 8 \\ x_2 \leqslant 4 \\ x_1 \leqslant 5 \\ x_1, x_2 \geqslant 0, \text{取整数} \end{cases}$$

$$\text{问题 } A_2$$
$$\max z = 20x_1 + 10x_2$$
$$\text{s. t.} \begin{cases} 5x_1 + 8x_2 \leqslant 60 \\ x_1 \leqslant 8 \\ x_2 \leqslant 4 \\ x_1 \geqslant 6 \\ x_1, x_2 \geqslant 0, \text{取整数} \end{cases}$$

同一问题分解出的两个分支问题称为"一对分支". 做出问题 A_1, A_2 的伴随规划 B_1, B_2,则问题 B_1, B_2 的可行域为 K_1, K_2,如图 3.2 所示.

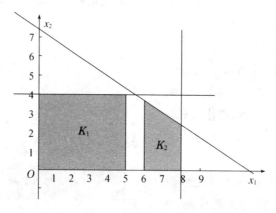

图 3.2

（4）分别求解一对分支.

在一般情况下,对某个分支问题(伴随规划)求解时,可能出现以下几种可能:

① 无可行解.

若无可行解,说明该枝情况已查明,不需要由此分支再继续分支,称该分支为"树叶".

② 得到整数最优解.

若求得整数最优解,则该枝情况已查明,不需要再对此继续分支,该分支也是"树叶".

③ 得到非整数最优解.

若求得某个分支问题得到的是不满足整数条件的最优解,还要区分两种情况:

a. 该最优解的目标函数值 z 小于当前的下界 $\underline{z}$,则该分支内不可能含有原问题的整数最优解,称为"枯枝",需剪掉.

b. 该最优解的目标函数值 z 大于当前的下界 $\underline{z}$,则仍需对该枝继续分支,以查明该分支内是否有目标函数值比当前的 $\underline{z}$ 更好的整数最优解.

本例中问题 B_1 及问题 B_2 的模型及求解结果如下:

问题 B_1

$$\max z' = 20x_1 + 10x_2$$

$$\text{s. t.} \begin{cases} 5x_1 + 8x_2 \leqslant 60 \\ x_1 \leqslant 8 \\ x_2 \leqslant 4 \\ x_1 \leqslant 5 \\ x_1, x_2 \geqslant 0 \end{cases}$$

问题 B_2

$$\max z' = 20x_1 + 10x_2$$

$$\text{s. t.} \begin{cases} 5x_1 + 8x_2 \leqslant 60 \\ x_1 \leqslant 8 \\ x_2 \leqslant 4 \\ x_1 \geqslant 6 \\ x_1, x_2 \geqslant 0 \end{cases}$$

问题 B_1,$X_1' = (5,4)^T$,$z_1' = 130$ 的解是整数最优解,它也是问题 A 的整数可行解,故 A 的整数最优解 $z^* \geqslant z_1' = 130$,此时可将 $\underline{z}$ 修改为 130,同时问题 B_1 也被查清,成为"树叶".

问题 B_2,$X_2' = (6,3.75)^T$,不满足整数条件,故问题 A_2 分别增加约束条件:$x_2 \leqslant 3$ 及 $x_2 \geqslant 4$. 分为 A_{23} 与 A_{24} 两枝,建立相应的伴随规划 B_{21} 与 B_{22}.

问题 B_{21}

$$\max z' = 20x_1 + 10x_2$$

$$\text{s. t.} \begin{cases} 5x_1 + 8x_2 \leqslant 60 \\ x_1 \leqslant 8 \\ x_2 \leqslant 4 \\ x_1 \leqslant 5 \\ x_2 \leqslant 3 \\ x_1, x_2 \geqslant 0 \end{cases}$$

问题 B_{22}

$$\max z' = 20x_1 + 10x_2$$

$$\text{s. t.} \begin{cases} 5x_1 + 8x_2 \leqslant 60 \\ x_1 \leqslant 8 \\ x_2 \leqslant 4 \\ x_1 \geqslant 6 \\ x_2 \geqslant 4 \\ x_1, x_2 \geqslant 0 \end{cases}$$

问题 B_{21} 的最优解 $X_{21}' = (7.2,3)^T$,$z_{21}' = 132$. 问题 B_{22} 无可行解,此问题已是"树

叶",已被查清.

（5）修改上、下界 $\bar{z}$ 与 $\underline{z}$.

① 修改下界 $\underline{z}$.

修改下界的时机是：每求出一个整数可行解时，都要做修改下界 $\underline{z}$ 的工作.修改下界 $\underline{z}$ 的原则：在至今所有计算出的整数可行解中，选目标函数值最大的那个作为最新下界.

因此在用分支定界法的求解全过程中，下界 $\underline{z}$ 是不断增大的.

本例中，未出现目标函数值大于原来的下界 $\underline{z}=130$.

② 修改上界 $\bar{z}$.

上界 $\bar{z}$ 的修改时机是：每求解完一对分支，都要考虑修改上界.修改上界 $\bar{z}$ 的原则是：挑选在迄今为止所有未被分支的问题的目标函数值中最大的一个作为新的上界.新的上界 $\bar{z}$ 应该小于原来的上界.

本例中，因为 $z'_{21}<\bar{z}$，所以新的上界 $\bar{z}=132$.

在分支定界法的整个求解过程中，上界的值在不断减小.

因为 X'_{21} 不满足整数条件，故问题 B_{21} 继续增加约束条件：$x_1 \leqslant 7$ 及 $x_1 \geqslant 8$，得 B_{211} 与 B_{212}.

问题 B_{211}

$$\max z'=20x_1+10x_2$$

$$\text{s. t.}\begin{cases} 5x_1+8x_2 \leqslant 60 \\ x_1 \leqslant 8 \\ x_2 \leqslant 4 \\ x_1 \leqslant 5 \\ x_2 \leqslant 3 \\ x_1 \leqslant 7 \\ x_1,x_2 \geqslant 0 \end{cases}$$

问题 B_{212}

$$\max z'=20x_1+10x_2$$

$$\text{s. t.}\begin{cases} 5x_1+8x_2 \leqslant 60 \\ x_1 \leqslant 8 \\ x_2 \leqslant 4 \\ x_1 \geqslant 6 \\ x_2 \geqslant 4 \\ x_1 \geqslant 8 \\ x_1,x_2 \geqslant 0 \end{cases}$$

结果为 $X'_{211}=(7,3)^T$，$z'_{211}=130$；$X'_{212}=(8,2.5)^T$，$z'_{212}=130$.

因为此时 B_{211} 的解为整数解，因此修改下界为 $\underline{z}=130$，而此时所有未被分支的问题的目标函数值中最大的为 $z'_{211}=z'_{212}=130$，故修改上界 $\bar{z}=130$.

（6）结束准则.

当所有分支均已查明（或为无可行解"枯叶"，或为整数可行解"树叶"，或其目标函数值不大于下界 $\underline{z}$ 的"枯枝"），且此时 $\bar{z}=\underline{z}$，则已得到了原问题的整数最优解，即目标函数值为下界 $\underline{z}$ 的那个整数解.

在本例中，$\bar{z}=\underline{z}=130$，又 B_{211} 是"树叶"，B_{212} 为"枯枝"，因此所有分支均已查明.故已得到问题 A 的最优解：$X^*=(7,3)^T$ 或 $(5,4)^T$，$z^*=130$.

故该公司应建甲种宿舍 7 幢，乙种宿舍 3 幢；或甲种 5 幢、乙种 4 幢时，获利最大，获利为 130 万元.

可将本例的求解过程与结果用图 3.3 来描述.

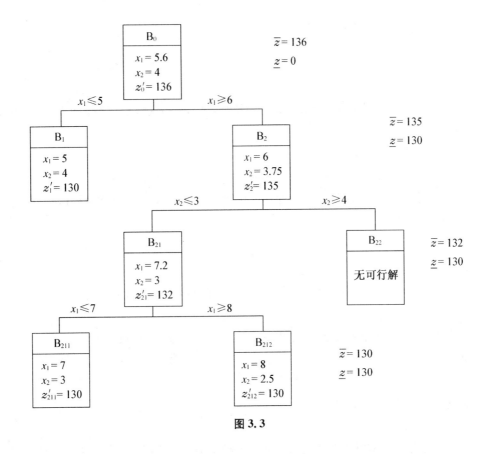

图 3.3

3.2.2　分支定界法的计算步骤

下面将分支定界法求解混合型整数规划的计算步骤归纳如下：

第 1 步：将原整数线性规划问题称为问题 A_0. 去掉问题 A_0 的整数条件，得到伴随规划问题 B_0.

第 2 步：求解问题 B_0，有以下几种可能：

(1) B_0 没有可行解，则 A_0 也没有可行解，停止计算.

(2) 得到 B_0 的最优解，且满足问题 A_0 的整数条件，则 B_0 的最优解也是 A_0 的最优解，停止计算.

(3) 得到不满足问题 A_0 的整数条件的 B_0 的最优解，记它的目标函数值为 f_0^*，这时需要对问题 A_0（从而对问题 B_0）进行分支，转下一步.

第 3 步：确定初始上下界 $\underline{z}$ 与 $\bar{z}$.

以 f_0^* 作为上界 $\bar{z}$，观察出问题 A_0 的一个整数可行解，将其目标函数值记为下界 $\underline{z}$. 若观察不到，则可记 $\underline{z}=-\infty$，转下一步.

第 4 步：将问题 B_0 分支.

在 B_0 的最优解 X_0 中，任选一个不符合整数条件的变量 x_j，其值为 a_j，以 $[a_j]$ 表示

小于 a_j 的最大整数. 构造两个约束条件:

$$x_j \leqslant [a_j]$$
$$x_j \geqslant [a_j]+1$$

将这两个约束条件分别加到问题 B_0 的约束条件集中, 得到 B_0 的两个分支: 问题 B_1 与 B_2.

对每个分支问题求解, 得到以下几种可能:

(1) 分支无可行解——该分支是"树叶".

(2) 求得该分支的最优解, 且满足 A_0 的整数条件. 将该最优解的目标函数值作为新的下界 $\underline{z}$, 该分支也是"树叶".

(3) 求得该分支的最优解, 且不满足 A_0 的整数条件, 但其目标函数值不大于当前下界 $\underline{z}$, 则该分支是"枯枝", 需要剪枝.

(4) 求得不满足 A_0 整数条件的该分支的最优解, 且其目标函数值大于当前下界 $\underline{z}$, 则该分支需要继续进行分支.

若得到的是前三种情形之一, 表明该分支情况已探明, 不需要继续分支.

若求解一对分支的结果表明这一对分支都需要继续分支, 则可先对目标函数值大的那个分支进行分支计算, 且沿着该分支一直继续进行下去, 直到全部探明情况为止, 再返过来求解目标函数值较小的那个分支.

第 5 步: 修改上、下界.

(1) 修改下界 $\underline{z}$: 每求出一次符合整数条件的可行解时, 都要考虑修改下界 $\underline{z}$, 选择迄今为止最好的整数可行解相应的目标函数值作下界 $\underline{z}$.

(2) 修改上界 $\bar{z}$: 每求解完一对分支, 都要考虑修改上界 $\bar{z}$, 上界的值应是迄今为止所有未被分支的问题的目标函数值中最大的一个.

在每解完一对分支、修改完上下界 $\bar{z}$ 和 $\underline{z}$ 后, 若已有 $\bar{z}=\underline{z}$, 此时所有分支均已查明, 即得到了问题 A_0 的最优值 $z^*=\bar{z}=\underline{z}$, 求解结束. 若仍 $\bar{z}>\underline{z}$, 则说明仍有分支没查明, 需要继续分支, 回到第 4 步.

习 题

3.1 试用图解法讨论下列线性规划问题的最优解和最优整数解.

$$\max z=3x_1+2x_2$$
$$\text{s. t.} \begin{cases} 4x_1+x_2 \leqslant 6.5 \\ 2x_1+3x_2 \leqslant 4.5 \\ x_1,x_2 \geqslant 0 \end{cases}$$

3.2 用分支定界法求解.

$$\max z = x_1 + x_2$$

(1) s. t. $\begin{cases} x_1 + \dfrac{9}{14}x_2 \leqslant \dfrac{51}{14} \\ -2x_1 + x_2 \leqslant \dfrac{1}{3} \\ x_1, x_2 \geqslant 0 \\ x_1, x_2 \text{ 为整数} \end{cases}$

$$\max z = 5x_1 + 8x_2$$

(2) s. t. $\begin{cases} x_1 + x_2 \leqslant 6 \\ 5x_1 + 9x_2 \leqslant 45 \\ x_1, x_2 \geqslant 0 \\ x_1, x_2 \text{ 为整数} \end{cases}$

微信扫码,
加入【本书话题交流群】
与同读本书的读者,讨论本
书相关话题,交流阅读心得

第4章 动态规划

关键词

动态规划(Dynamic Programming) 多阶段决策(Multistage Decision)
状态转移方程(State Transition Equation) 状态变量(State Variable)
贝尔曼优化原理(Bellman's Principle of Optimality)

内容概述

动态规划在工程技术、企业管理、工农业生产及军事等部门中都有广泛的应用. 特别对于离散性的问题,由于解析数学无法施展其术,而动态规划的方法就成为非常有效的工具. 应指出,动态规划是考察问题的一种途径,而不是一种特殊算法. 因而,它不像线性规划那样有一个标准的数学表达式和明确定义的规则,没有统一的处理方法,求解时要根据问题的性质,对具体问题具体分析处理.

4.1 基本概念和要素

4.1.1 多阶段决策过程

在生产和科学实验中,有一类活动的过程,由于它的特殊性,可将过程分为若干个互相联系的阶段,在它的每一个阶段都需要做出决策,从而使整个过程达到最好的活动效果. 因此,各个阶段决策的选取不是任意确定的,它依赖于当前面临的状态,又影响以后的发展. 当各个阶段决策确定后,就组成了一个决策序列,因而也就决定了整个过程的一条活动路线. 这种把一个问题可看作是一个前后关联具有链状结构的多阶段过程(见图 4.1)就称为多阶段决策过程,也称序贯决策过程,而这种问题就称为多阶段决策问题. 动态规划是在 1951 年由美国数学家贝尔曼(Richard Bellman)提出的,它是解决一类多阶段决策问题的优化方法.

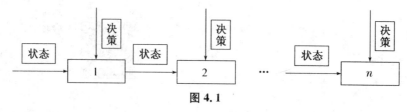

图 4.1

在多阶段决策问题中,各个阶段采取的决策,一般来说是与时间有关的,决策依赖于当前的状态,又随即引起状态的转移,一个决策序列就是在变化的状态中产生出来的,故有"动态"的含义.因此,把处理它的方法称为动态规划方法.但是,一些与时间没有关系的静态规划(如线性规划、非线性规划等)问题,只要人为地引进"时间"因素,也可把它视为多阶段决策问题,用动态规划方法去处理.

例 4.1　图 4.2 是一个交通运输线路网络,两点之间连线上的数字表示两点之间的距离.试求一条由 A 至 E 的运输线路,使总距离为最短.

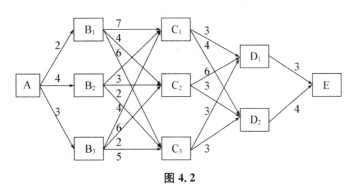

图 4.2

将该问题划分为四个阶段的决策问题,即第一阶段为从 A 到 $B_i(i=1,2,3)$,有三种决策方案可供选择;第二阶段为从 B_i 到 $C_j(j=1,2,3)$,也有三种方案可供选择;第三阶段为从 C_j 到 $D_k(k=1,2)$,有两种方案可供选择;第四阶段为从 D_k 到 E,只有一种方案选择.如果用完全枚举法,则可供选择的路线有 $3\times3\times2\times1=18$(条),将其一一比较才可找出最短路线:$A\rightarrow B_3\rightarrow C_2\rightarrow D_2\rightarrow E$,其长度为 12.

显然,这种方法是不经济的,特别是当阶段数很多,各阶段可供选择的也很多时,其计算量将会变得相当大,手工计算几乎是不可能的.

4.1.2　动态规划的基本要素

一个多阶段决策最优化问题的动态规划问题通常包括以下要素:

(1)阶段.阶段是表示对整个过程的自然划分.阶段的划分,一般根据时间和空间的自然特征来划分,但要便于把问题的过程转化为阶段决策的过程.描述阶段的变量称为阶段变量,常用自然数 k 表示,如例 4.1 可划分为 4 个阶段求解,$k=1,2,3,4$.

(2)状态.状态就是阶段的起始位置,它既是该阶段某支路的起点,又是前一阶段某支路的终点.状态的表达方式有状态变量和状态集合.

① 状态变量和状态集合.描述过程状态的变量称为状态变量.它可用一个数、一组数或一向量(多维情形)来描述,常用 s_k 表示第 k 阶段的状态变量.通常一个阶段有若干个状态,第 k 阶段的状态就是该阶段所有始点的集合,如例 4.1 中:
$$s_1=\{A\},s_2=\{B_1,B_2,B_3\},s_3=\{C_1,C_2,C_3\},s_4=\{D_1,D_2\}$$

② 状态应具有无后效性(即马尔可夫性).即如果某阶段状态给定后,则在这个阶

段以后过程的发展不受这个阶段以前各阶段状态的影响.

如果状态仅仅描述过程的具体特征,则并不是任何实际过程都能满足无后效性的要求.所以,在构造决策过程的动态规划模型时,不能仅由描述过程的具体特征这点着眼去规定状态变量,而要充分注意是否满足无后效性的要求.如果状态的某种规定方式可能导致不满足无后效性,应适当地改变状态的规定方法,达到能使它满足无后效性的要求.例如,研究物体(把它看作一个质点)受外力作用后其空间运动的轨迹问题,从描述轨迹这点着眼,可以只选坐标位置 (x_k, y_k, z_k) 作为过程的状态,但这样不能满足无后效性,因为即使知道了外力的大小和方向,仍无法确定物体受力后的运动方向和轨迹,只有把位置 (x_k, y_k, z_k) 和速度 $(\dot{x}_k, \dot{y}_k, \dot{z}_k)$ 都作为过程的状态变量,才能确定物体运动下一步的方向和轨迹,实现无后效性的要求.

(3) 决策与决策变量.决策指在某阶段对可供选择状态的决定(或选择),在例 4.1 中表示第 k 阶段时可取的终点位置.描述的变量称为决策变量,常用 $d_k(s_k)$ 表示第 k 阶段处于状态 s_k 时的决策变量,它是状态变量的函数.决策变量允许取值的范围,称为允许决策集合,常用 $D_k(s_k)$ 表示.显然 $d_k(s_k) \in D_k(s_k)$.

在例 4.1 的第二阶段中,从 B_1 出发,$D_2(B_1) = \{C_1, C_2, C_3\}$,如果决定选取 $B_1 C_2$,则 $d_2(B_1) = C_2$.

(4) 策略与子策略.策略是一个决策序列的集合.当 $k=1$ 时,$P_{1,n}(s_1) = \{d_1(s_1), d_2(s_2), \cdots, d_n(s_n)\}$ 就称为全过程的一个策略,简称策略,简记为 $P_{1,n}(s_1)$.

称 $P_{k,n}(s_k) = \{d_k(s_k), d_{k+1}(s_{k+1}), \cdots, d_n(s_n)\}$ 为由第 k 阶段开始到最后阶段止的一个子策略,简称后部子策略,简记为 $P_{k,n}(s_k)$.称可供选择策略的范围,为允许策略集,用 P 表示.动态规划方法就是要从允许策略集 P 中找出最优策略 $P_{1,n}^*$.

(5) 状态转移方程.它是确定过程由某一阶段的一个状态到下一阶段另一状态的演变过程,用 $s_{k+1} = T_k(s_k, d_k)$ 表示.该方程描述了由第 k 阶段到第 $k+1$ 阶段的状态转移规律,因此又称其为状态转移函数.例 4.1 中,状态转移方程为 $s_{k+1} = d(s_k)$.

(6) 阶段指标、指标函数和最优指标函数.

① 阶段指标指衡量某阶段决策效益优劣的数量指标,用 $v_k(s_k, d_k)$ 表示第 k 阶段的阶段指标.在不同的问题中,其含义不同,它可以是距离、利润、成本等.

在例 4.1 中,用 $d_k = v_k(s_k, d_k)$ 表示在第 k 阶段由点 s_k 到点 $s_{k+1} = d_k(s_k)$ 距离,如 $d_2(B_3, C_1) = 6$.

② 指标函数指用于衡量所选定策略优劣的数量指标.它是定义在全过程和所有后部子过程上确定的数量函数,记为 $v_{k,n}(s_k, p_{k,n})$.

$$v_{k,n}(s_k, p_{k,n}) = v_{k,n}(s_k, d_k, s_{k+1}, \cdots, s_{n+1}) \quad k = 1, 2, \cdots, n$$

构成动态规划模型的指标函数,应具有可分离性,并满足递推关系.

常见的指标函数的形式有:

$$v_{k,n}(s_k, d_k, s_{k+1}, \cdots, s_{n+1}) = \sum_{j=k}^{n} v_i(s_j, d_j) = v_k(s_k, d_k) + v_{k+1}(s_{k+1}, P_{k,n})$$

$$v_{k,n}(s_k, d_k, s_{k+1}, \cdots, s_{n+1}) = \prod_{j=k}^{n} v_i(s_j, d_j) = v_k(s_k, d_k) * v_{k+1}(s_{k+1}, P_{k,n})$$

最优指标函数 $f_k(s_k)$，表示从第 k 阶段的状态 s_k 开始采用最优子策略 $p_{k,n}^*$，到第 n 阶段终止时所得到的指标函数值，即 $f_k(s_k) = \text{opt } v_{k,n}(s_k, d_k, \cdots, s_{n+1})$. 其中，opt 是最优化(Optimization)的缩写，可根据题意取 max 或 min.

在例 4.1 中，指标函数 $v_{k,n}$ 表示在第 k 阶段由点 s_k 至终点 E 的距离. $f_k(s_k)$ 表示第 k 阶段点 s_k 到终点 E 的最短距离，如 $f_2(B_1) = 11$ 表示从第 2 阶段中的点 B_1 到点 E 的最短距离.

4.2 动态规划的基本思想与最优化原理

4.2.1 基本思想

动态规划方法的关键在于正确地写出基本方程，因此首先必须将问题的过程划分为多个相互联系的多阶段决策过程，恰当地选取状态变量和决策变量及定义最优指标函数，从而把问题化成一族同类型的子问题. 然后从边界条件开始，逆过程行进方向，逐段递推寻优. 在每个子问题求解时，均利用它前面已求出的子问题的最优化结果，依次进行，最后一个子问题所得的最优解，就是整个问题的最优解.

在多阶段决策过程中，动态规划方法是既把当前的一段和未来的各段分开，又把当前效益和未来效益结合起来考虑的一种最优化方法. 因此，每阶段决策的选取是从全局来考虑，与该段的最优选择一般是不同的. 动态规划方法的基本思想体现了多阶段性、无后效性、总体优化性.

4.2.2 最优化原理

动态规划方法基于 R. Bellman 等人提出的最优化原理，作为整个过程的最优策略具有这样的性质：无论过去的状态和决策如何，对于先前的决策所形成的状态而言，余下的诸决策必须构成最优策略. 简言之，一个最优策略的子策略总是最优的.

为了实现最优化原理，很重要的环节就是需要构造基本方程. 基本方程是动态规划理论与方法的基础.

下面按照动态规划的基本思想和最优化原理，分析例 4.1. 从最后一段开始计算，由后向前逐步推移至 A 点.

第四阶段，由 D_1 到 E 只有一条路线，其长度 $f_4(D_1) = 3$，同理 $f_4(D_2) = 4$.

第三阶段，由 C_j 到 D_i 分别均有两种选择，即：

$$f_3(C_1) = \min \begin{bmatrix} C_1 D_1 + f_4(D_1) \\ C_1 D_2 + f_4(D_2) \end{bmatrix} = \min \begin{bmatrix} 3+3^* \\ 4+4 \end{bmatrix} = 6, \quad \text{决策点为 } D_1$$

$$f_3(C_2) = \min \begin{bmatrix} C_2 D_1 + f_4(D_1) \\ C_2 D_2 + f_4(D_2) \end{bmatrix} = \min \begin{bmatrix} 6+3 \\ 3+4^* \end{bmatrix} = 7, \quad \text{决策点为 } D_2$$

$$f_3(C_3) = \min \begin{bmatrix} C_3D_1 + f_4(D_1) \\ C_3D_2 + f_4(D_2) \end{bmatrix} = \min \begin{bmatrix} 3+3^* \\ 3+4 \end{bmatrix} = 6, \quad 决策点为 D_1$$

第二阶段,由 B_j 到 C_j 分别均有三种选择,即:

$$f_2(B_1) = \min \begin{bmatrix} B_1C_1 + f_3(C_1) \\ B_2C_2 + f_3(C_2) \\ B_3C_3 + f_3(C_3) \end{bmatrix} = \min \begin{bmatrix} 7+6 \\ 4+7^* \\ 6+6 \end{bmatrix} = 11, \quad 决策点为 C_2$$

$$f_2(B_2) = \min \begin{bmatrix} B_2C_2 + f_3(C_1) \\ B_2C_2 + f_3(C_2) \\ B_3C_3 + f_3(C_3) \end{bmatrix} = \min \begin{bmatrix} 3+6^* \\ 2+7^* \\ 4+6 \end{bmatrix} = 9, \quad 决策点为 C_1 或 C_2$$

$$f_2(B_3) = \min \begin{bmatrix} B_3C_1 + f_3(C_1) \\ B_3C_2 + f_3(C_2) \\ B_3C_3 + f_3(C_3) \end{bmatrix} = \min \begin{bmatrix} 6+6 \\ 2+7^* \\ 5+6 \end{bmatrix} = 9, \quad 决策点为 C_2$$

第一阶段,由 A 到 B,有三种选择,即:

$$f_1(A) = \min \begin{bmatrix} AB_1 + f_2(B_2) \\ AB_2 + f_2(B_2) \\ AB_5 + f_2(B_5) \end{bmatrix} = \min \begin{bmatrix} 2+11 \\ 4+9 \\ 3+9^* \end{bmatrix} = 12, \quad 决策点为 B_3$$

$f_1(A) = 15$ 说明从 A 到 E 的最短距离为 12,最短路线的确定可按计算顺序反推而得,即 $A \rightarrow B_3 \rightarrow C_2 \rightarrow D_2 \rightarrow E$.

4.3 动态规划的模型和求解

4.3.1 动态规划模型的建立

建立动态规划模型,就是分析问题并建立问题的动态规划基本方程. 其步骤如下:

(1) 将问题的过程划分成恰当的阶段.

(2) 正确选择状态变量 s_k,使它既能描述过程的演变,又要满足无后效性.

(3) 确定决策变量 d_k 及每阶段的允许决策集合 $D_k(s_k)$.

(4) 正确写出状态转移方程.

(5) 正确写出指标函数 $v_{k,n}$ 的关系式,它应具有以下三个性质:

① 是定义全过程和所有后部子过程上的数量函数;

② 具有可分离性,并满足递推关系,即 $v_{k,n}(s_k, d_k, \cdots, s_{n+1}) = f(s_k, d_k, v_{k+1,n})$;

③ 函数 $f(s_k, d_k, v_{k+1,n})$ 对于 $v_{k+1,n}$ 要求严格单调.

(6) 确定最优函数的递推关系式:

在例 4.1 的计算过程中可以看出,在求解的各个阶段,我们利用了 k 阶段与 $k+1$ 阶段之间的递推关系:

$$\begin{bmatrix} f_k(s_k) = \min\{v_k(s_k, d_k) + f_{k+1}(s_{k+1})\} \\ \qquad d_k(s_k) \in D_k(s_k), (k=4,3,2,1) \\ f_5(s_5) = 0 \end{bmatrix}$$

一般地,若 $v_{k,n} = \sum_{j=k}^{n} v_j(s_j, d_j)$,则有:

$$
\begin{cases}
f_k(s_k) = \text{opt}\{v_k(s_k, d_k) + f_{k+1}(s_{k+1})\}, \\
\quad d_k \in D_k(s_k) \quad (k = n, n-1, \cdots, 1) \\
f_{n+1}(s_{n+1}) = 0(\text{边界条件})
\end{cases}
$$

若 $v_{k,n} = \prod_{j=k}^{n} v_j(s_j, d_j)$,则有:

$$
\begin{cases}
f_k(s_k) = \text{opt}\{v_k(s_k, d_k) \cdot f_{k+1}(s_{k+1})\} \\
\quad d_k(s_k) \in D_k(s_k), (k = n, n-1, \cdots, 1) \\
f_{n+1}(s_{n+1}) = 1(\text{边界条件})
\end{cases}
$$

以上六点是正确建立动态规划基本方程模型的步骤.

4.3.2　求解动态规划模型的方法

顺序解法是从问题的最初阶段开始,同多阶段决策的实际过程顺序寻优.逆序解法是从问题的最后一个阶段开始,逆多阶段决策的实际过程反向寻优.一般地说,当初始状态给定时,用逆序解法比较方便;当终止状态给定时,用顺序解法比较方便.

1. 在已知初始状态 s_1 下,采用逆序解法(反向递归)

对于 4.1 的求解,就是把 A 看作始端,E 为终端,规定从 A 到 E 为过程的行进方向,而寻优则是从 E 到 A 逆过程进行,所以是采用了逆序法.

设状态变量为 $s_1, s_2, \cdots, s_{n+1}$;决策变量为 $d_1, d_2, \cdots, d_n$ 在第 k 阶段,决策 d_k 使状态 s_k(输入)转移为状态 s_{k+1}(输出),设状态转移函数为:

$$s_{k+1} = T_k(s_k, d_k)(k = 1, 2, \cdots, n)$$

假定过程的总效益(指标函数)与各阶段效益(阶段指标函数)的关系为 $v_{1,n} = v_1(s_1, d_1) * v_2(s_2, d_2) * \cdots * v_n(s_n, d_n)$,其中,记号 $*$ 可都表示为“$+$”或者都表示“$\times$”.为使 $v_{1,n}$ 达到最优化,即求 $\text{opt } v_{1,n}$,为简单起见,不妨此处就求 $\max v_{1,n}$.

设已知初始状态为 s_1 并假定最优值函数 $f_k(s_k)$ 表示第 K 阶段的初始状态为 s_k,从 k 阶段到 n 阶段所得到的最大效益.

从第 n 阶段开始,则有:

$$f_k(s_k) = \max v_n(s_n, d_n)$$
$$d_n \in D_n(s_n)$$

其中,$D_n(s_n)$ 由状态 s_n 所确定的第 n 阶段的允许决策集合.解此一维极值问题,就得到最优解 $d_n = D_n(s_n)$ 和最优值 $f_n(s_n)$.要注意的是,若 $D_n(s_n)$ 只有一个决策,则 $d_n \in D_n(s_n)$ 就应该写成 $d_n = D_n(s_n)$.

在第 $n-1$ 阶段,有:

$$f_{n-1}(s_{n-1}) = \max[v_{n-1}(s_{n-1}, d_{n-1}) * f_n(s_n)]$$
$$d_{n-1} \in D_{n-1}(s_{n-1})$$

其中,$s_n = T_{n-1}(s_{n-1}, d_{n-1})$,解此一维极值问题,得到最优解 $d_{n-1} = D_{n-1}(s_{n-1})$ 和最

优值 $f_{n-1}(s_{n-1})$.

在第 k 阶段,有:

$$f_k(s_k) = \max[v_k(s_k,d_k) * f_{k+1}(s_{k+1})]$$
$$d_k \in D_k(s_k)$$

其中,$s_{k+1} = T_k(s_k,d_k)$,解得最优解 $d_k = D_k(s_k)$ 和最优值 $f_k(s_k)$.

如此类推,直到第一阶段,有:

$$f_1(s_1) = \max[v_1(s_1,d_1) * f_2(s_2)]$$
$$d_1 \in D_1(s_1)$$

其中,$s_1 = T_1(s_1,d_1)$,解得最优解 $d_1 = D_1(s_1)$ 和最优值 $f_1(s_1)$. 由于初始状态 s_1 已知,故 $d_1 = D_1(s_1)$ 和 $f_1(s_1)$ 也是确定的,$s_2 = T_1(s_1,d_2)$ 从而也就可以确定,于是 $d_2 = D_2(s_2)$ 和 $f_2(s_2)$ 也就可以确定,这样,按照上述递推过程相反的顺序推算下去,就可逐步确定出每阶段的决策及效益.

例 4.2 用逆推解法求解下列规划的解:

$$\max z = x_1 \cdot x_2^2 \cdot x_3$$
$$\begin{cases} x_1 + x_2 + x_3 = c \quad (c > 0) \\ x_i \geq 0 \quad i = 1,2,3 \end{cases}$$

解:按问题的变量个数划分阶段,把它看作一个三阶段决策问题,设状态变量为 s_1,s_2,s_3,s_4,并记 $s_1 = c$;取问题中的变量 x_1,x_2,x_3 为决策变量;各阶段指标函数按乘积方式结合. 令最优值函数 $f_k(s_k)$ 表示为第 k 阶段的初始状态为 s_k,从 k 阶段到 3 阶段所得到的最大值.

设 $s_3 = x_3, s_3 + x_2 = s_2, s_2 + x_1 = s_1 = c$,则有 $v_1(s_1,d_1) = x_1, v_2(s_2,d_2) = x_2^2, v_3(s_3,d_3) = x_3; x_3 = s_3, 0 \leq x_1 \leq x_2, 0 \leq x_1 \leq s_1 = c$.

于是用逆推解法,从后向前依次有:

$k = 3$:

$$f_3(s_3) = \max_{x_3 = s_3} v_3(s_3,d_3) = \max_{x_3 = s_3}(x_3) = s_3, \text{及最优解 } x_3^* = s_3$$

$k = 2$:

$$f_2(s_2) = \max_{0 \leq x_2 \leq s_2} v_2(s_2,d_2) = \max_{0 \leq x_2 \leq s_2}[x_2^2 \cdot f_3(s_3)] = \max_{0 \leq x_2 \leq s_2}[x_2^2(s_2 - x_2)]$$
$$= \max_{0 \leq x_2 \leq s_2} h_2(s_2,x_2)$$

由 $\dfrac{dh_2}{dx_2} = 2x_2 s_2 - 3x_2^2 = 0$,得 $x_2 = \dfrac{2}{3}s_2$ 和 $x_2 = 0$(舍去).

又 $\dfrac{d^2 h_2}{dx_2^2} = 2s_2 - 6x_2$,而 $\dfrac{d^2 h_2}{dx_2^2}\big|_{x_2 = \frac{2}{3}s_2} = -2s_2 < 0$,故 $x_2 = \dfrac{2}{3}s_2$ 为极大值.

所以 $f_2(s_2) = \dfrac{4}{27}s_2^3$ 及最优解 $x_2^* = \dfrac{2}{3}s_2$.

$k = 1$:

$$f_1(s_1) = \max_{0 \leq r_1 \leq s_1} v_1(s_1,d_1) = \max_{0 \leq r_1 \leq s_1}\left[x_1 \cdot f_2(s_2) = \max_{0 \leq r_1 \leq s_1}\left[x_1 \cdot \frac{4}{27}(s_1 - x_1)^3\right]\right.$$

$$= \max_{0 \leqslant x_1 \leqslant s_1} h_1(s_1, x_1)$$

利用微分法易知 $x_1^* = \dfrac{1}{4}s_1$.

故 $f_1(s_1) = \dfrac{1}{64}s_1^4$.

由于已知 $s_1 = c$, 因而按计算的顺序反推算, 可得各阶段的最优决策和最优值, 即:

$$x_1^* = \frac{1}{4}c, \quad f_1(c) = \frac{1}{64}c^4$$

由 $s_2 = s_1 - x_1^* = c - \dfrac{1}{4}c = \dfrac{3}{4}c$, 所以 $x_2^* = \dfrac{2}{3}s_2 = \dfrac{1}{2}c$, $f_2(s_2) = \dfrac{1}{16}c^3$.

由 $s_3 = s_2 - x_2^* = \dfrac{3}{4}c - \dfrac{1}{2}c = \dfrac{1}{4}c$, 所以 $x_3^* = \dfrac{1}{4}c$, $f_3(s_3) = \dfrac{1}{4}c$.

因此得到最优解为: $x_1^* = \dfrac{1}{4}c$, $x_2^* = \dfrac{1}{2}c$, $x_3^* = \dfrac{1}{4}c$, $z^* = f_1(c) = \dfrac{1}{64}c^4$.

2. 在已知终止状态 s_n 下, 采用顺序解法(正向递归)

逆序法与顺序法的不同仅在对始端终端看法的颠倒或在规定的行进方向不同. 但在寻优时却都是逆行进方向, 从最后一阶段开始, 逐段逆推向前计算, 找出最优结果. 已知终止状态用顺序解法与已知初始状态用逆序解法在本质上没有区别. 设已知终止状态 s_{n+1}, 并假定最优值函数 $f_k(s)$ 表示第 k 阶段末的结束状态为 S, 从 1 阶段到 k 阶段所得到的最大收益. 这时只要把输出 s_{k+1} 看作输入, 把输入 s_k 看作输出, 这样便得到顺序解法, 但应注意, 这里是在上述状态变量和决策变量的记法不变的情况下考虑的, 因而这时的状态变换是上面状态变换的逆变换, 记为 $s_k = T_k * (s_{k+1}, d_k)$, 从运算而言, 即由 s_{k+1} 和 d_k 而去确定 s_k 的.

从第一阶段开始, 有 $f_1(s_2) = \max\limits_{d_1 \in D_1(s_1)} v_1(s_1, d_1)$.

其中, $s_1 = T_1 * (s_2, d_1)$, 解得最优解 $d_1 = d_1(s_2)$ 和最优值 $f_1(s_2)$. 若 $D_1(s_1)$ 只有 1 个决策, 则 $d_1 \in D_1(s_1)$ 就写成 $d_1 = D_1(s_1)$.

在第二阶段, 有 $f_2(s_3) = \max\limits_{d_2 \in D_2(s_2)} [v_2(s_2, d_2) * f_1(s_2)]$.

其中, $s_2 = T_2 * (s_3, d_2)$, 解得最优解 $d_2 = d_2(s_3)$ 和最优值 $f_2(s_3)$.

如此类推, 直到第 n 阶段, 有 $f_n(s_{n+1}) = \max\limits_{d_n \in D_n(s_n)} [v_n(s_n, d_n) * f_{n-1}(s_n)]$.

其中, $s_n = T_n * (s_{n+1}, d_n)$, 解得最优解 $d_n = d_n(s_{n+1})$ 和最优值 $f_n(s_{n+1})$.

由于终止状态 s_{n+1} 是已知的, 故 $d_n = d_n(s_{n+1})$ 和 $f_n(s_{n+1})$ 是确定的. 再按计算过程的相反顺序推算上去, 就可逐步确定出每阶段的决策及效益.

应指出的是, 若将状态变量的记法改为 $s_0, s_1, \cdots, s_n$, 决策变量记法不变, 则按顺序解法, 此时的最优值函数为 $f_k(s_k)$. 因此, 这个符号与逆序解法的符号一样, 但含义是不同的, 这里的 s_k 是表示 k 阶段末的结束状态.

例 4.3　用顺序解法解例 4.2 规划的解.

$\max z = x_1 \cdot x_2^2 \cdot x_3$

$$\begin{cases} x_1+x_2+x_3=c \quad (c>0) \\ x_i \geqslant 0 \quad i=1,2,3 \end{cases}$$

解:设 $s_4=c$,令最优值函数 $f_k(s_{k+1})$ 表示第 k 阶段末的结束状态为 s_{k+1},从 1 阶段到 k 阶段的最大值.设 $s_2=x_1,s_2+x_2=s_3,s_3+x_3=s_4$,则有 $x_1=s_2,0 \leqslant x_2 \leqslant s_3,0 \leqslant x_3 \leqslant s_4,v_1(s_1,d_1)=x_1,v_2(s_2,d_2)=x_2^2,v_3(s_3,d_3)=x_3$.

用顺序解法,从前向后依次有 $f_1(s_2)=\max\limits_{x_1=s_2}(x_1)=s_2$,以及最优解 $x_1^*=s_2$.

$$f_2(s_3)=\max\limits_{0 \leqslant x_2 \leqslant s_3}[x_2^2 \cdot f_2(s_2)]=\max\limits_{0 \leqslant x_2 \leqslant s_3}[x_2^2(s_3-x_2)]=\frac{4}{27}s_3^3,\text{以及最优解 } x_2^*=\frac{2}{3}s_3.$$

$$f_3(s_4)=\max\limits_{0 \leqslant x_3 \leqslant s_4}[x_3 \cdot f_2(s_3)]=\max\limits_{0 \leqslant x_3 \leqslant s_4}\left[x_3 \cdot \frac{4}{27}(s_4-x_3)^3\right]=\frac{1}{64}s_4^4,\text{以及最优解 } x_3^*=\frac{1}{4}s_4.$$

由于 $s_4=c$,故易得到最优解为 $x_2^*=\frac{1}{2}c,x_1^*=\frac{1}{4}c,x_3^*=\frac{1}{4}c$,相应的最大值为 $\max z=\frac{1}{64}c^4$.

习 题

4.1 某公司有资金 4 百万元,可向 A,B,C 三个项目投资,已知各项目不同投资的相应效益值如下表所示,问如何分配资金可使总效益最大?

项 目	0	1	2	3	4
A	0	41	48	60	60
B	0	42	50	60	66
C	0	64	68	78	76

4.2 某公司需要对某产品决定未来 4 个月内每个月的最佳存储量,在满足需求量条件下使总费用最小,已知各月对该产品的需求量和单位订货费用、存储费用如下表所示.假定月初定货并入库,月底销售,并且在 1 月初并无存货,至 4 月末亦不准备留存.

月份(dk)	1	2	3	4
需求量(dk)	50	45	40	30
单位定货费用(ck)	850	850	775	825
单位存储费用(pk)	35	20	40	30

4.3 某汽车公司的某型号汽车,对不同役龄的每台汽车来说,年均利润 $r(t)$ 与年均维修费用函数 $u(t)$ 如下表所示,购买同型号新汽车每辆 20 万元,若汽车公司将汽车

卖出,其价格如下表所示,该公司年初有一台新汽车,试给出 4 年盈利最大的更新计划.

	0	1	2	3
$r(t)$	20	18	17.5	15
$u(t)$	2	2.5	4	6
价格(万元)	17	16	15.5	15

4.4 某科研项目由三个小组用不同的手段分别研究,它们失败的概率各为 0.40,0.60,0.80.为了减少三个小组都失败的可能性,现决定给三个小组中增派两名高级科学家,到各小组后,各小组的科研项目失败的概率如下表所示.问如何分派才使三个小组都失败的概率最小?

科学家数	小组 1	小组 2	小组 3
0	0.40	0.60	0.80
1	0.20	0.40	0.50
2	0.15	0.20	0.30

4.5 某厂生产某种产品的能力为每月 4 件,该厂仓库的存货能力为 3 件,在 1~4 月份中,每件产品的生产费用(万元/件)和需求量(件)(月底交货)如下表所示,每件产品的存储费用为每月 2 万元.设开始时及 4 月底交货后均无存货.问每月各应生产多少件产品,才能既满足需求又使总费用最小?

月 份	1	2	3	4
需求量	1	2	5	3
生产费用	10	11	12	10

4.6 计算从 A 到 D 的最短距离.

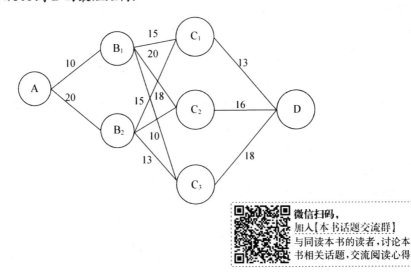

第5章 非线性规划及数学基础

关键词

非线性规划(Non-linear Programming)　　梯度(Gradient)
上升方向(Ascent Direction)　　下降方向(Descent Direction)
Hesse 矩阵(Hessian Matrix)　　凸集(Convex Set)
凸函数(Convex Function)　　凸规划(Convex Programming)

内容概述

非线性规划是高级运筹学最主要的内容,在工程设计、管理科学、系统控制等领域有很多的应用.但非线性规划相比于线性规划,其求解的难度更大.梯度、海塞矩阵和凸规划等概念形成了非线性规划分析的重要数学基础.

5.1 非线性规划问题

如果目标函数或约束条件中包含非线性函数,就称这种规划问题为非线性规划问题.一般说来,解非线性规划要比解线性规划问题困难得多,而且也不像线性规划有单纯形法这一通用方法,非线性规划目前还没有适于各种问题的一般算法,各个方法都有自己特定的适用范围.下面通过实例归纳出非线性规划数学模型的一般形式,介绍有关非线性规划的基本概念.

例 5.1 油厂每月需要电厂送燃料油 $5\,000\ \text{m}^3$,油罐为圆柱状,上下底板材料的成本为 $40\ \text{元/m}^2$,侧面板材料成本为 $30\ \text{元/m}^2$,往返运送一次的运费为 50 元.试确定使总费用最小的油罐尺寸及运送次数.

解:设油罐的底半径为 x_1 米,高为 x_2 米,月运送次数为 x_3,根据题意可得该问题的数学模型如下:

$$\min f(X) = 40 \times 2\pi x_1^2 + 30 \times 2\pi x_1 x_2 + 50 x_3$$

$$\text{s. t.} \begin{cases} \pi x_1^2 x_2 x_3 = 5\,000 \\ x_1, x_2, x_3 \geqslant 0 \\ x_3 \text{ 为整数} \end{cases}$$

本例,目标函数及约束条件均是非线性函数,这样的问题就是非线性规划问题.

不失一般性,非线性规划模型可以概括为如下形式:

$$\min_{X \in R^n} f(X)$$
$$\text{s. t.} \begin{cases} g_i(X) \geqslant 0, & i=1,\cdots,m \\ h_j(X) = 0, & j=1,\cdots,l \end{cases}$$

其中,$f(X),g_i(X),h_j(X)$ 都是定义在 R^n 上的实值连续函数.

称 $f(X)$ 为目标函数,$g_i(X)$ 为不等式约束函数,$h_j(X)$ 为等式约束函数.

(1) 如果 $m=0$ 且 $l=0$,上式为无约束优化问题;

(2) 如果 $m=0$ 且 $l\neq0$,为等式约束优化问题;

(3) 如果 $m\neq0$ 且 $l=0$,为不等式约束优化问题.

等式约束也可以通过下式转化为不等式约束:

$$h_j(X)=0 \Longleftrightarrow \begin{cases} h_j(X) \geqslant 0 \\ -h_j(X) \geqslant 0 \end{cases}$$

定义 5.1 若 $X \in R^n$ 满足所有约束条件,则其为该规划问题的可行点(Feasible Point)或可行解(Feasible Solution),所有可行点的集合称为可行域(Feasible Region),记为 D:

$$D = \left\{ X \left| \begin{array}{ll} g_i(X) \geqslant 0, & i=1,\cdots,m \\ h_j(X) = 0, & j=1,\cdots,l \end{array} \right. \right\}$$

定义 5.2 设 $f(X)$ 为目标函数,D 为可行域,$\overline{X} \in D$,若对每个 $X \in D$,成立 $f(X) \geqslant f(\overline{X})$,则称 $\overline{X}$ 为 $f(X)$ 在 D 上的全局极小点(Global Minimum Point),$\overline{X}$ 对应的目标函数值称为极小值(Global Minimum). $f(X) > f(\overline{X})$,则称 $\overline{X}$ 为严格全局极小点.

定义 5.3 设 $f(X)$ 为目标函数,D 为可行域,若存在 $\overline{X} \in S$ 的 $\varepsilon>0$ 邻域 $N(\overline{X},\varepsilon) = \{X| \parallel X-\overline{X} \parallel <\varepsilon\}$,使得对每个 $X \in D \bigcap N(\overline{X},\varepsilon)$ 成立 $f(X) \geqslant f(\overline{X})$,则称 $\overline{X}$ 为 $f(X)$ 在 D 上的局部极小点(Local Minimum Point). $f(X) > f(\overline{X})$,则称 $\overline{X}$ 为严格局部极小点.

全局极小点也是局部极小点,而局部极小点不一定是全局极小点,大多数的优化算法通常只是寻找局部最优解. 对于某些特殊情形,如凸规划,局部极小点也是全局极小点.

例 5.1 求解下述非线性规划问题:

$$\min f(X) = (x_1-2)^2 + (x_2-2)^2$$
$$h(X) = x_1 + x_2 - 6 = 0$$

若令其目标函数 $f(X)=c$,目标函数成为一条曲线或一张曲面,通常称为等值线或等值面. 此例,若设 $f(X)=2$ 和 $f(X)=4$ 可得两个圆形等值线(见图 5.1).

等值线 $f(X)=2$ 和约束条件直线相切,切点 D 即为此问题的最优解,$X^* = (3,3)$,其目标函数值 $f(X^*)=2$.

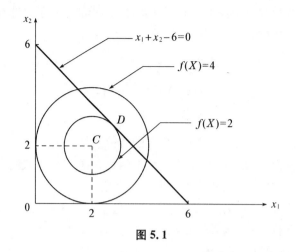

图 5.1

在此例中，约束 $h(X)=x_1+x_2-6=0$ 对最优解发生了影响. 若以 $h(X)=x_1+x_2-6\leqslant0$ 代替原来的约束 $h(X)=x_1+x_2-6=0$，则新的非线性规划的最优解变为 $X^*=(2,2)$，即图中 C 点，此时 $f(X)=0$. 由于此最优点位于可行域的内部，故事实上约束 $h(X)=x_1+x_2-6\leqslant0$ 并未发挥约束作用，问题相当于一个无约束极值问题.

5.2 梯度及方向导数

定义 5.4 设多元函数 $f(X)$ 为定义在 R^n 中的 n 元函数且存在连续偏导数，$f(X)$ 在 X 处的梯度（gradient）为函数在该点全部偏导数构成的 n 维向量：

$$\nabla f(X)=\left[\frac{\partial f}{\partial x_1},\frac{\partial f}{\partial x_2},\cdots,\frac{\partial f}{\partial x_n}\right]^{\mathrm{T}}$$

如图 5.2 所示，梯度的几何意义是等值面（等值线）在该点的法线方向.

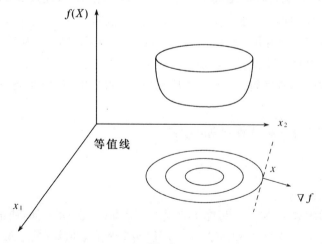

图 5.2

定义 5.5　$f(X)$ 在 X_0 处沿方向 d 的变化率,定义为极限:

$$Df(X_0;d)=\lim_{\lambda\to 0}\frac{f(X_0+\lambda d)-f(X_0)}{\lambda}$$

为方向导数,d 为长度为 1 的方向向量.

若 $f(x)$ 存在连续偏导数,方向导数等于梯度与方向的内积,即:

$$Df(\bar{x};d)=\nabla f(\bar{x})^{\mathrm{T}}d$$

考虑无约束最优化问题:$\min f(x)$,其中 $f:R^n\to R$.

定义 5.6　$f:R^n\to R$ 为连续函数,$x^*\in R^n$,d 是 n 维非零向量,如果存在 $\delta>0$,使得:

$$f(x^*+\lambda d)<f(x^*),\forall\lambda\in(0,\delta)$$

则称 d 为 f 在点 x^* 处的下降方向.

若:

$$f(x^*+\lambda d)>f(x^*),\forall\lambda\in(0,\delta)$$

则称 d 为 f 在点 x^* 处的上升方向.

定理 5.1　$f:R^n\to R$,$x^*\in R^n$,且 f 在点 x^* 处可微,如果存在非零向量 $d\in R^n$,使得 $\nabla f(x^*)^{\mathrm{T}}d<0$,则 d 是 f 在点 x^* 处的下降方向;而当 $\nabla f(x^*)^{\mathrm{T}}d>0$,则 d 是 f 在点 x^* 处的上升方向.

这个定理说明,与 f 在 x^* 处的梯度方向成锐角的任何方向都是 f 在 x^* 处的上升方向(Ascent Direction);反之,与 f 在 x^* 处的梯度方向成钝角的任何方向都是 f 在 x^* 处的下降方向(Descent Direction).

梯度方向是函数上升最快的方向,而负梯度方向则是函数下降最快的方向.正因为这个原因,使得梯度在最优化理论与算法中占有特殊重要的地位.$f(X)$ 在 X_0 处的负梯度方向,称为最速下降方向:

$$d=\frac{-\nabla f(X_0)}{\|\nabla f(X_0)\|}$$

5.3　Hesse 矩阵和 Taylor 展开式

定义 5.7　函数 $f(X)$ 二阶连续可微,$f(X)$ 在点 X 的 Hesse 矩阵(Hessian Matrix)为 $n\times n$ 矩阵:

$$\nabla^2 f(X)=\begin{bmatrix}\dfrac{\partial^2 f}{\partial x_1\partial x_1} & \dfrac{\partial^2 f}{\partial x_1\partial x_2} & \cdots & \dfrac{\partial^2 f}{\partial x_1\partial x_n}\\[2mm] \dfrac{\partial^2 f}{\partial x_2\partial x_1} & \dfrac{\partial^2 f}{\partial x_2\partial x_2} & \cdots & \dfrac{\partial^2 f}{\partial x_2\partial x_2}\\[1mm] \vdots & \vdots & & \vdots\\[1mm] \dfrac{\partial^2 f}{\partial x_n\partial x_1} & \dfrac{\partial^2 f}{\partial x_n\partial x_2} & \cdots & \dfrac{\partial^2 f}{\partial x_n\partial x_n}\end{bmatrix}=\left[\dfrac{\partial^2 f}{\partial x_i\partial x_j}\right]_{n\times n}=H(X)$$

由于 $f(X)$ 二阶连续可微,故 $\dfrac{\partial^2 f}{\partial x_i\partial x_j}=\dfrac{\partial^2 f}{\partial x_j\partial x_i}$,于是,$\nabla^2 f(X)$ 为对称矩阵.

例 5.2 二次函数：

$$f(x)=\frac{1}{2}x^{\mathrm{T}}Ax+b^{\mathrm{T}}x+c$$

式中，A 为 n 阶对称矩阵；b 为 n 维列向量；c 为常数.

梯度：$\nabla f(x)=Ax+b$.

Hessian 矩阵：$\nabla^2 f(x)=A$.

设 $A=(a_{ij})_{n\times n}$ 为 n 阶对称阵，Z 为 E^n 中任意非零列向量，式 $Z^{\mathrm{T}}AZ$ 称为二次型：

(1) 当 $Z^{\mathrm{T}}AZ>0$，称二次型为正定的，A 为正定阵；

(2) 当 $Z^{\mathrm{T}}AZ\geqslant 0$，称二次型为半正定的，$A$ 为半正定阵；

(3) 当 $Z^{\mathrm{T}}AZ<0$，称二次型为负定的，A 为负定阵；

(4) 当 $Z^{\mathrm{T}}AZ\leqslant 0$，称二次型为半负定的，$A$ 为半负定阵.

确定 A 的正（负）定性有 J. J. Sylvester 定理：

(1) $Z^{\mathrm{T}}AZ$ 正定的充要条件是 A 之各阶主子式恒为正值；

(2) $Z^{\mathrm{T}}AZ$ 负定的充要条件是 A 之各阶主子式负正相间.

行列式：

$$|a_{ij}|_{k\times k}=\begin{vmatrix} a_{11} & a_{12} & \cdots & a_{1n} \\ a_{21} & a_{22} & \cdots & a_{2n} \\ \cdots & \cdots & \cdots & \cdots \\ a_{n1} & a_{n2} & \cdots & a_{nn} \end{vmatrix} \quad (k=1,2,\cdots,n)$$

即为 A 之第 k 阶主子式.

于是此定理可简述为：

(1) $Z^{\mathrm{T}}AZ$ 正定 $\Leftrightarrow |a_{ij}|_{k\times k}>0$；

(2) $Z^{\mathrm{T}}AZ$ 负定 $\Leftrightarrow -|a_{ij}|_{k\times k}>0(k=1,2,\cdots,n)$.

定理可推广到半正（负）定情况. 此时，充要条件中的严格不等式符号"$>$"改为"$\geqslant$".

Taylor 展开式是用一个函数在某点的信息，描述其附近取值的公式. 如果函数足够平滑，在已知函数在某一点的各阶导数值的情况下，泰勒公式可以利用这些导数值来做系数，构建一个多项式近似函数，求得在这一点的邻域中的值.

几何意义是用一个多项式函数去逼近一个给定的函数，也就是尽量使多项式函数图像拟合给定的函数图像)，逼近的时候是从函数图像上的某个点展开.

假设 $f(X)$ 在 X_0 某邻域内有一阶偏导数，则 $f(X)$ 在 X_0 一阶 Taylor 展开式为：

$$f(X)=f(X_0)+\nabla f(X_0)^{\mathrm{T}}(X-X_0)+o(\parallel X-X_0\parallel)$$

$o(\parallel X-X_0\parallel)$ 是关于 $\parallel X-X_0\parallel$ 高阶无穷小量.

假设 $f(X)$ 在 X_0 某邻域内有二阶连续可导，则 $f(X)$ 在 X_0 二阶 Taylor 展开式为：

$$f(X)=f(X_0)+\nabla f(X_0)^{\mathrm{T}}(X-X_0)+\frac{1}{2}(X-X_0)^{\mathrm{T}}\nabla^2 f(X_0)(X-X_0)+o(\parallel X-X_0\parallel^2)$$

当 $\parallel X-X_0\parallel^2\to 0$ 时，$o(\parallel X-X_0\parallel^2)$ 是关于 $\parallel X-X_0\parallel^2$ 的高阶无穷小量.

定理 5.2　若 $f(X)$ 在 X_0 的某邻域内二阶连续可微,则对该邻域内任何 X,在该邻域中总能找到一点 $Y=X_0+\theta(X-X_0)(0<\theta<1)$,有:

$$f(X)=f(X_0)+\nabla f(X_0)^{\mathrm{T}}(X-X_0)+\frac{1}{2}(X-X_0)^{\mathrm{T}}\nabla^2 f(Y)(X-X_0)$$

设 $P=(X-X_0)$,$\varphi(t)=f(X_0+tP)$,则:
$$\varphi(0)=f(X_0),\varphi(1)=f(X_0+P),\varphi'(0)=\nabla f(X_0)^{\mathrm{T}}P$$

按一元函数对 $\varphi(t)$ 在 $t=0$ 点展开,得:

$$\varphi(t)=\varphi(0)+\varphi'(0)t+\frac{1}{2}\varphi''(\theta t)t^2(0<\theta<1)$$

令 $t=1$,则:

$$\varphi(1)=\varphi(0)+\varphi'(0)+\frac{1}{2}\varphi''(\theta)$$

又由于 $\varphi''(\theta)=P^{\mathrm{T}}\nabla^2 f(X_0+\theta P)P$,将 $\varphi(0)$,$\varphi(1)$,$\varphi'(0)$ 和 $\varphi''(\theta)$ 代入上式,得:

$$f(X_0+P)=f(X_0)+\nabla f(X_0)^{\mathrm{T}}P+\frac{1}{2}P^{\mathrm{T}}\nabla^2 f(X_0+\theta P)P$$

将 $X=X_0+P$,$Y=X_0+\theta(X-X_0)=X_0+\theta P$ 代入上式,得:

$$f(X)=f(X_0)+\nabla f(X_0)^{\mathrm{T}}(X-X_0)+\frac{1}{2}(X-X_0)^{\mathrm{T}}\nabla^2 f(Y)(X-X_0)$$

5.4　凸　性

5.3.1　凸集

定义 5.8　设 $S\subset R^n$,对 $\forall x^{(1)},x^{(2)}\in S$,及 $\forall\lambda\in[0,1]$,都有:$\lambda x^{(1)}+(1-\lambda)x^{(2)}\in S$,则称 S 为凸集(Convex Set).

换言之,对 S 中任意两点,联结它们的线段仍属于 S,图 5.3 中前者为凸集,后者为非凸集.

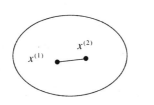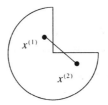

图 5.3

常见凸集:

(1) 超平面 $H=\{x\mid p^{\mathrm{T}}x=\alpha\}$ 为凸集(p 为 n 维列向量,α 为实数).

(2) 半空间 $H^-=\{x\mid p^{\mathrm{T}}x\leqslant\alpha\}$ 为凸集.

(3) 集合 $L=\{x\mid x=x^{(0)}+\lambda d,\lambda\geqslant 0\}$ 为凸集(d 是给定的非零向量,$x^{(0)}$ 是定点).

集合 L 称为射线,故射线为凸集.

证明：

对任意两点 $x^{(1)}, x^{(2)} \in L$ 及每一个 $\lambda \in [0,1]$，必有：

$$x^{(1)} = x^{(0)} + \lambda_1 d \quad x^{(2)} = x^{(0)} + \lambda_2 d$$

以及：

$$\lambda x^{(1)} + (1-\lambda) x^{(2)} = \lambda(x^{(0)} + \lambda_1 d) + (1-\lambda)(x^{(0)} + \lambda_2 d)$$
$$= x^{(0)} + [\lambda \lambda_1 + (1-\lambda) \lambda_2] d$$

由于 $\lambda \lambda_1 + (1-\lambda) \lambda_2 \geqslant 0$，因此有：

$$\lambda x^{(1)} + (1-\lambda) x^{(2)} \in L$$

定理 5.3 设 S_1 和 S_2 为 R^n 中的两个凸集，β 是实数，则：

(1) $\beta S_1 = \{\beta x \mid x \in S_1\}$ 为凸集；

(2) $S_1 \bigcap S_2$ 为凸集（事实上，任意多个凸集的交集仍为凸集）；

(3) $S_1 \pm S_2 = \{x^{(1)} \pm x^{(2)} \mid x^{(1)} \in S_1, x^{(2)} \in S_2\}$ 为凸集.

定义 5.9 设有集合 $C \subset R^n$，若对 C 中每一点 x，当 λ 取任何非负数时，都有 $\lambda x \in C$，则称 C 为锥. 又若 C 为凸集，则称 C 为凸锥.

如向量集 $\alpha^{(1)}, \alpha^{(2)}, \cdots, \alpha^{(k)}$ 的所有非负线性组合构成的集合：

$$\left\{ \sum_{i=1}^{k} \lambda_i \alpha^{(i)} \mid \lambda_i \geqslant 0, i = 1, 2, \cdots, k \right\}$$

为凸锥.

定义 5.10 有限个半空间的交 $\{x \mid Ax \leqslant b\}$ 称为多面集. 若 $b=0$，则多面集 $\{x \mid Ax \leqslant 0\}$ 也是凸锥，称为多面锥.

如集合 $S = \{x \mid x_1 + 2x_2 \leqslant 4, x_1 - x_2 \leqslant 1, x_1 \geqslant 0, x_2 \geqslant 0\}$ 为多面集.

定义 5.11 设 S 为非空凸集，$x \in S$，若 x 不在 S 中任何线段的内部；换言之，若假设 $x = \lambda x^{(1)} + (1-\lambda) x^{(2)}, x^{(1)}, x^{(2)} \in S$，必推得 $x = x^{(1)} = x^{(2)}$，则称 x 是凸集 S 的极点（顶点）.

图 5.4 中 $x^{(1)}, x^{(2)}, x^{(3)}, x^{(4)}, x^{(5)}$ 为极点.

定义 5.12 设 S 为非空凸集，d 为非零向量，如果对 S 中的每一个 x 都有射线 $\{x + \lambda d \mid \lambda \geqslant 0\} \subset S$，则称向量 d 为 S 的方向.

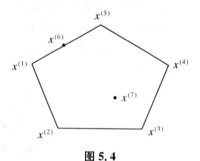

图 5.4

又设 $d^{(1)}$ 和 $d^{(2)}$ 是 S 的两个方向，若对任何正数 λ，有 $d^{(1)} \neq \lambda d^{(2)}$，则称 $d^{(1)}$ 和 $d^{(2)}$ 是两个不同的方向.

若 S 的方向 d 不能表示成该集合的两个不同方向的正的线性组合，则称 d 为 S 的极方向.

5.3.2 凸函数

定义 5.13 $S \subset R^n$ 是非空凸集，$f(X)$ 是定义在 S 上的实函数. 如果对任意的 $X^{(1)}, X^{(2)} \in S$ 及任意 $\alpha \in (0,1)$，恒有：

$$f(\alpha X^{(1)} + (1-\alpha) X^{(2)}) \leqslant \alpha f(X^{(1)}) + (1-\alpha) f(X^{(2)})$$

则称 f 为 S 上的凸函数.

若上式为严格不等式,则称 $f(X)$ 为定义在 S 上的**严格凸函数**. 改变不等号的方向,即可得到**凹函数**和**严格凹函数**的定义.

凸函数的几何意义:若函数图形上任意两点的连线,处处都不在函数图形的下方,则此函数是凸函数,如图 5.5 所示.

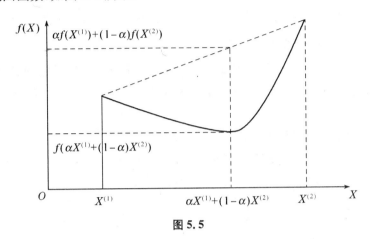

图 5.5

因为凸函数是研究非线性规划求解的基础,所以凸函数的性质就显得非常重要了.

凸函数的性质:

(1) 设 $f(X)$ 为定义在凸集 S 上的凸函数,则对于任意实数 $a \geqslant 0$,函数 $af(X)$ 也是定义在 S 上的凸函数.

(2) 设 $f_1(X)$ 和 $f_2(X)$ 为定义在凸集 S 上的两个凸函数,则其和 $f(X) = f_1(X) + f_2(X)$ 仍然是定义在 S 上的凸函数. 显然,这也可以推广到多个凸函数的情形,若 $f_1, \cdots, f_m$ 是 S 上的凸函数,$\alpha_1, \cdots, \alpha_m \geqslant 0$,则 $\sum_{i=1}^{m} \alpha_i f_i$ 也是 S 上的凸函数.

(3) 设 $f(X)$ 为定义在凸集 S 上的凸函数,α 是一个实数,则水平集 $S_\alpha = \{x \mid x \in S, f(x) \leqslant \alpha\}$ 是凸集.

(4) 设 $f(X)$ 为定义在凸集 S 上的凸函数,则它的任一极小点就是它在 S 上的最小点(全局极小点);而且它的极小点形成一个凸集.

证明:设 $\bar{x}$ 是 $f(X)$ 在 S 上的局部极小点,即存在 $\bar{x}$ 的 $\varepsilon > 0$ 的邻域 $N_\varepsilon(\bar{x})$,使得对每一点 $x \in S \cap N_\varepsilon(\bar{x})$,成立 $f(x) \geqslant f(\bar{x})$.

假设 $\bar{x}$ 不是全局极小点,则存在 $\hat{x} \in S$,使 $f(\hat{x}) < f(\bar{x})$. 由于 S 是凸集,因此对每一个数 $\lambda \in [0,1]$,有 $\lambda \hat{x} + (1-\lambda) \bar{x} \in S$. 由于 $\bar{x}$ 与 $\hat{x}$ 是不同的两点,可取 $\lambda \in (0,1)$,又由于 f 是 S 上的凸函数,因此有:

$$f(\lambda \hat{x} + (1-\lambda) \bar{x}) \leqslant \lambda f(\hat{x}) + (1-\lambda) f(\bar{x})$$
$$< \lambda f(\bar{x}) + (1-\lambda) f(\bar{x}) = f(\bar{x})$$

当 λ 取得充分小时,可使:

$$\lambda \hat{x} + (1-\lambda)\bar{x} \in S \cap N_\varepsilon(\bar{x})$$

这与 $\bar{x}$ 为局部极小点矛盾,故 $\bar{x}$ 是 f 在 S 上的全局极小点.

由以上证明可知,$f(X)$ 在 S 上的极小值也是它在 S 上的最小值. 设极小值为 α,则极小点的集合可以写作:

$$\Gamma_\alpha = \{x \mid x \in S, f(x) \leqslant \alpha\}$$

根据性质(4),Γ_α 为凸集.

除了可以依据定义判定凸函数之外,还可以依据一阶和二阶条件.

1. 凸函数判别的一阶条件

定理 5.4 设 S 为 R^n 上的开凸集,$f(X)$ 在 S 上具有一阶连续偏导数,则 $f(X)$ 为 S 上的凸函数的充分必要条件是,对于属于 S 的任意两个不同点 $X^{(1)}$ 和 $X^{(2)}$ 恒有:

$$f(X^{(2)}) \geqslant f(X^{(1)}) + \nabla f(X^{(1)})^T (X^{(2)} - X^{(1)})$$

严格凸函数的充要条件是上式为严格不等式.

证明:必要性 f 是凸函数,则对任意的 $\alpha \in (0,1)$,有:

$$f(\alpha X^{(2)} + (1-\alpha)X^{(1)}) \geqslant \alpha f(X^{(2)}) + (1-\alpha)f(X^{(1)})$$

因此有:

$$\frac{f(X^{(1)} + \alpha(X^{(2)} - X^{(1)})) - f(X^{(1)})}{\alpha} \leqslant f(X^{(2)}) - f(X^{(1)})$$

令 $\alpha \to 0$ 得:

$$\nabla f(X^{(1)})^T (X^{(2)} - X^{(1)}) \leqslant f(X^{(2)}) - f(X^{(1)})$$

即:

$$f(X^{(2)}) \geqslant f(X^{(1)}) + \nabla f(X^{(1)})^T (X^{(2)} - X^{(1)})$$

必要性得证.

充分性:设 $f(X^{(2)}) \geqslant f(X^{(1)}) + \nabla f(X^{(1)})^T (X^{(2)} - X^{(1)})$,

任取 $X^{(1)}, X^{(2)} \in S$ 及 $\alpha \in (0,1)$,令 $X = \alpha X^{(1)} + (1-\alpha)X^{(2)}$,于是有:

$$f(X^{(1)}) \geqslant f(X) + \nabla f(X)^T (X^{(1)} - X)$$
$$f(X^{(2)}) \geqslant f(X) + \nabla f(X)^T (X^{(2)} - X)$$

于是有:

$$\alpha f(X^{(1)}) + (1-\alpha)f(X^{(2)}) \geqslant f(X) + \nabla f(X)^T [\alpha X^{(1)} + (1-\alpha)X^{(2)} - X]$$
$$= f(X) = f(\alpha X^{(1)} + (1-\alpha)X^{(2)})$$

所以,$f(\alpha X^{(1)} + (1-\alpha)X^{(2)}) \leqslant \alpha f(X^{(1)}) + (1-\alpha)f(X^{(2)})$

亦即 $f(X)$ 是凸函数,充分性得证.

该定理的几何解释是凸函数图像位于割线之下,切线之上.

推论:设 S 是 R^n 中的凸集,$\overline{X} \in S$,$f(X)$ 是定义在 R^n 上的凸函数,且在点 $\overline{X}$ 可微,则对任意的 $X \in S$,有:

$$f(X) \geqslant f(\overline{X}) + \nabla f(\overline{X})^T (X - \overline{X})$$

2. 凸函数判别的二阶条件

定理 5.5 设 S 是 R^n 中非空开凸集,$f(X)$ 是定义在 S 上的二次可微函数,则 $f(X)$ 为凸函数的充要条件是 $f(X)$ 的 Hessian 矩阵在 S 上处处半正定.

定理 5.6 设 S 是 R^n 中非空开凸集,$f(X)$ 是定义在 S 上的二次可微函数,如果

$f(X)$的 Hessian 矩阵在 S 上处处半正定,则 $f(X)$ 为严格凸函数.

注意:逆定理并不成立.若 $f(X)$ 是定义在 S 上的严格凸函数,则在每一点 $X \in S$ 处,Hessian 矩阵是半正定的(而不是正定的).

例 5.3 试证明 $f(X) = x_1^2 + x_2^2$ 是严格的凸函数.

(1) 定义证明:令 $f_1(x_1) = x_1^2, f_2(x_2) = x_2^2$,则 $f(X) = f_1(x_1) + f_2(x_2)$.

对 $f_1(x_1) = x_1^2$ 取任意两点 a 和 b,分别构造两点的线性组合和两点函数值的线性组合;即在 $a \neq b$ 的情况下,取 $\alpha \in (0,1)$,看下式是否成立:

$$f_1[\alpha a + (1-\alpha)b] < \alpha f_1(a) + (1-\alpha)f_1(b)$$
$$\alpha^2 a^2 + 2\alpha(1-\alpha)ab + (1-\alpha)^2 b^2 < \alpha a^2 + (1-\alpha)b^2$$
$$a^2(1-\alpha)\alpha + b^2(1-\alpha)\alpha - 2\alpha(1-\alpha)ab > 0$$
$$\alpha(1-\alpha)[a^2 + b^2 - 2ab] > 0$$
$$\alpha(1-\alpha)(a-b)^2 > 0 \quad 显然恒成立$$

所以 $f_1(x_1) = x_1^2$ 为严格的凸函数,同理 $f_2(x_2) = x_2^2$ 也为严格的凸函数,因而 $f(X) = f_1(x_1) + f_2(x_2)$ 为严格的凸函数.

(2) 一阶条件证明:$f(X) = x_1^2 + x_2^2$.

取任意两点 $X^{(1)} = (a_1, b_1)$、$X^{(2)} = (a_2, b_2)$,从而:

$$f(X^{(1)}) = a_1^2 + b_1^2, f(X^{(2)}) = a_2^2 + b_2^2, \nabla f(X^{(1)}) = (2a_1, 2b_1)$$

看下式是否成立:

$$f(X^{(2)}) > f(X^{(1)}) + (X^{(2)} - X^{(1)})\nabla f(X^{(1)})$$
$$a_2^2 + b_2^2 > a_1^2 + b_1^2 + (2a_1, 2b_1)(a_2 - a_1, b_2 - b_1)^T$$
$$(a_2 - a_1)^2 + (b_2 - b_1)^2 > 0 \quad 显然恒成立$$

所以 $f(X) = x_1^2 + x_2^2$ 为严格的凸函数.

(3) 二阶条件证明:$f(X) = x_1^2 + x_2^2$.

$f(X)$ 的海赛矩阵 $H(X) = \begin{bmatrix} 2 & 0 \\ 0 & 2 \end{bmatrix}$,因 $H(X)$ 正定,固 $f(X) = x_1^2 + x_2^2$ 为严格的凸函数.

定理 5.7 设 $f(X)$ 是凸集 S 上凸函数,则其任一极小点即为 S 上的最小点,且极小点集 S^* 是凸集.

证明:设 X^* 是极小点,则存在 $\delta > 0$,当 $X \in N_\delta(X^*) \bigcap S$,有 $f(X) \geqslant f(X^*)$.

任对 $Y \in S$,存在数 $\lambda \in (0,1)$,使得:
$$Z = \lambda Y + (1-\lambda)X^* \in N_\delta(X^*)$$
故
$$f(Z) = f(\lambda Y + (1-\lambda)X^*) \geqslant f(X^*)$$
又因 $f(X)$ 为凸,故:
$$(1-\lambda)f(X^*) + \lambda f(Y) \geqslant f(\lambda Y + (1-\lambda)X^*)$$
合之,得:
$$(1-\lambda)f(X^*) + \lambda f(Y) \geqslant f(X^*)$$

整理得:

$$\lambda f(Y) - \lambda f(X^*) \geqslant 0, 即\ f(Y) \geqslant f(X^*)$$

故 X^* 是最小点.

取 $\beta = \min_{R} f(X)$,即知极小点集 S^* 是凸集.

推论:设 $f(X)$ 在 S 内为严格凸函数,最小点若存在则唯一.

证明(反证):设存在 $X^*, Y^* \in S^* \subset S$,且 $Y^* \neq X^*$,而有:

$$f(X^*) = f(Y^*) = \min_{S} f(X)$$

因 S^* 为凸,故任对 $\lambda \in (0,1)$,有 $Z^* = \alpha X^* + (1-\alpha)Y^* \in R^*$.

又因 $f(X)$ 在 S 内为严格凸函数,故 $f(Z^*) < \alpha f(X^*) + (1-\alpha) f(Y^*) = \min_{S} f(X)$

此为矛盾式,故 $X^* = Y^*$,即最小点唯一.

定理 5.8 设 $f(X)$ 是凸集 S 上的可微凸函数,若 $\exists X^* \in R$,对一切 $X \in S$,有 $\nabla f(X^*)^{\mathrm{T}}(X - X^*) \geqslant 0$,则 $f(X^*)$ 是 S 上最小值.

证明:由凸性及题设即得:

$$f(X) \geqslant f(X^*) + \nabla f(X^*)^{\mathrm{T}}(X^{(2)} - X^*) \geqslant f(X^*).$$

$\nabla f(X^*)^{\mathrm{T}}(X - X^*) \geqslant 0$ 的几何意义:S 内各点均处增长方向.

凸集上可微凸函数全局最小 $\Leftrightarrow \nabla f(X^*) = 0$.

由于函数结构千变万化,讨论极值问题并非易事.而凸函数因其特点,在极值点的分布上有很强的理论结果.

现在将关于凸函数极值问题的结论归纳于下:设 $f(X)$ 是在凸集上凸函数,则:

(1) 极小点就是最小点.

(2) 最小点全体组成凸集.

(3) 当 $f(X)$ 为严格凸时,最小点若存在则唯一.

5.3.3 凸规划

一般非线性规划问题因目标函数及可行域的无规则性,试图寻到最优解往往困难,不得不退而求其次,先从搜索局部最优解——极值点入手.即使求得若干个极值点,也难以判定最优解是否已包含在内.鉴于凸函数在极值问题中有很好的结论,实际应用中许多问题的目标又可归结为凸函数(线性规划的目标函数就可看作凸函数),因而研究具有凸函数的数学规划问题自然是非常必要的.

定义 5.14 数学规划:

$$\begin{cases} \min\ f(X) \\ X \in S \end{cases}$$

其中,$f(X)$ 为凸可行域 S 上的凸函数,则称此为一个凸规划.所以凸规划是求凸函数在凸集上的极小点.

$$\min f(X)$$
$$\text{s. t.}\quad g_j(X) \geqslant 0, j = 1, \cdots, l$$

假定其中 $f(X)$ 为凸函数，$g_j(X)$ 为凹函数（$-g_j(X)$ 为凸函数），这样的非线性规划称为**凸规划**.

定理 5.9　设 $-g_j(X)(j=1,2,\cdots,l)$ 为凸函数，则 $S=\{X|g_j(X)\geqslant 0,j=1,2,\cdots,l\}$ 是凸集.

证明：任对 $X_1,X_2\in S$ 及 $\alpha\in(0,1)$，因 $g_j(X_1),g_j(X_2)\geqslant 0,-g_j(X)$ 为凸，故：

$$-g_j(\alpha X_1+(1-\alpha)X_2)\leqslant -\alpha g_j(X_1)-(1-\alpha)g_j(X_2)\leqslant 0$$

即：

$$g_j(\alpha X_1+(1-\alpha)X_2)\geqslant 0$$

故 $\alpha X_1+(1-\alpha)X_2\in S$，从而 S 是凸集.

或者说 S 是 l 个凸集的交集，因此也是凸集.

考虑非线性规划：

$$\min f(X)$$
$$\text{s. t.}\begin{cases} g_i(X)\geqslant 0, & i=1,\cdots,m \\ h_j(X)=0, & j=1,\cdots,l \end{cases}$$

其中，$f(X)$ 为凸函数，$g_i(X)$ 为凹函数（$-g_i(X)$ 为凸函数），若 $h_j(X)$ 为线性函数.

根据凸函数和凹函数的定义，线性函数 $h_i(X)$ 既是凸函数也是凹函数，因此满足 $h_i(X)=0$ 的点的集合也是凸集，所以上述问题是凸规划.

注意：如果 $h_j(x)$ 是非线性的凸函数，满足 $h_j(x)=0$ 的点的集合不是凸集，问题就不属于凸规划.

定理 5.10　凸规划的任一局部极小点都是它的全局极小点.

证明：设 X^* 是凸规划一个局部极小点，存在则 X^* 的邻域 $N_\delta(X^*)$，使得：

$$f(X^*)\leqslant f(X),\forall X\in S\bigcap N_\delta(X^*)$$

若 X^* 不是全局极小点，则存在 $\overline{X}\in S$，使：

$$f(\overline{X})<f(X^*)$$

又因为 f 是凸函数，有：

$$f(\alpha\overline{X}+(1-\alpha)X^*)\leqslant \alpha f(\overline{X})+(1-\alpha)f(X^*)<\alpha f(X^*)+(1-\alpha)f(X^*)=f(X^*)$$

显然，当 α 充分小时，有：

$$\alpha\overline{X}+(1-\alpha)X^*\in R\bigcap N_\delta(X^*)$$

与 X^* 是凸规划一个局部极小点出现矛盾.

凸规划的重要性质：

（1）凸规划的局部极小点就是全局极小点，且极小点的集合是凸集.

（2）如果凸规划的目标函数是严格凸函数，又存在极小点，那么它的极小点是唯一的，最优解若存在必唯一.

由此可见，凸规划是一类比较简单而又具有重要理论意义的非线性规划，一旦判定问题属于凸规划，则当在一个邻域搜索到局部最优解时，全局最优解也就可以得到. 由于线性函数既可以视为凸函数也可以视为凹函数，故线性规划也属于凸规划.

例 5.4 分析非线性规划是否是凸规划.

$$\min f(X) = (x_1 - 2)^2 + x_2^2$$

$$\text{s. t.}\begin{cases} g_1(X) = x_1 - x_2 + 2 \geqslant 0 \\ g_2(X) = -x_1^2 + x_2 - 1 \geqslant 0 \\ g_3(X) = x_1 \geqslant 0 \\ g_4(X) = x_2 \geqslant 0 \end{cases}$$

解：$f(X)$ 的 Hessian 阵为 $H_f = \begin{bmatrix} 2 & 0 \\ 0 & 2 \end{bmatrix}$，显见，$H_f$ 正定，故 $f(X)$ 为严格凸函数.

$-g_2(X)$ 的 Hessian 阵为 $H_{-g_2} = \begin{bmatrix} 2 & 0 \\ 0 & 0 \end{bmatrix}$，显见，$H_{-g_2}$ 半正定，故 $-g_2(X)$ 为凸函数.

$-g_1(X)$，$-g_3(X)$，$-g_4(X)$ 皆为线性凸函数，所以此非线性规划是凸规划.用等值线作图法得最小点 $X^* = (0.58, 1.34)^T$，最小值 $f(X^*) = 3.8$.

习 题

5.1 试计算出下述函数的梯度和海赛矩阵.

(1) $f(X) = x_1^2 + x_2^2 + x_3^2$ (2) $f(X) = \ln(x_1^2 + x_1 x_2 + x_2^2)$

(3) $f(X) = 3x_1 x_2^2 + 4e^{x_1 x_2}$ (4) $f(X) = x_1^{x_2} + \ln(x_1 x_2)$

5.2 判定下列函数的凸性.

(1) $f(X) = 3x_1^2 - 4x_1 x_2 + x_2^2$

(2) $f(X) = 60 - 10x_1 - 4x_2 + x_1^2 - x_1 x_2 + x_2^2$

(3) $f(X) = e^{x_1} + x_2^2 + 1$

5.3 考虑极小化问题.

$$\min f(x_1, x_2) = (x_1 - 2)^2 + (x_2 - 1)^2$$

$$\text{s. t.}\begin{cases} x_1^2 - x_2 \leqslant 0 \\ x_1 + x_2 \leqslant 2 \end{cases}$$

(1) 该规划问题是否为凸规划，为什么？

(2) 用图解法找出该问题的最优解.

5.4 证明 $Ax \leqslant 0, c^T x > 0$ 有可行解，其中：

$$A = \begin{bmatrix} 1 & -2 & 1 \\ -1 & 1 & 1 \end{bmatrix}, c = \begin{bmatrix} 2 \\ 1 \\ 0 \end{bmatrix}$$

5.5 分析下面非线性规划问题是否为凸规划.

(1)
$$\min\ f(X)=x_1^2+x_2^2-2x_1+1$$
$$\text{s. t.}\begin{cases}g_1(X)=-x_1^2+4x_1+x_2-5\geqslant0\\g_2(X)=x_1-2x_2+4\geqslant0\\x_1,x_2\geqslant0\end{cases}$$

(2)
$$\min\ f(X)=2x_1^2+x_2^2+x_3^2$$
$$\text{s. t.}\begin{cases}x_1^2+x_2^2\leqslant4\\5x_1+x_3=10\\x_1,x_2,x_3\geqslant0\end{cases}$$

(3)
$$\max\ f(X)=x_1+2x_2$$
$$\text{s. t.}\begin{cases}x_1^2+x_2^2\leqslant9\\x_2\geqslant0\end{cases}$$

第6章　最优性条件和下降迭代算法

关键词

最优性条件(Optimality Conditions)

无约束优化问题(Unconstrained Optimization Problem)

不等式约束(Inequality Constraints)

等式约束(Equality Constraints)

约束优化问题(Constrained Optimization Problem)

KKT 条件(Karush-Kuhn-Tucker Conditions)

无效约束(Inactive Constraint)

有效约束(Active Constraint)

正则点(Regularity Point)

内容概述

基于非线性规划的复杂特性,对于其最优性的讨论有很重要的意义,1951 年库恩和塔克发表的关于最优性条件的论文正是非线性规划正式诞生的一个重要标志.对于有约束和无约束的规划问题,如果满足连续可微等特性,可以讨论最优解的充分或必要条件.更多的情况下,可能无法用解析方法求解或讨论,需要寻求可行的替代方法,下降迭代算法就是一种常用的求非线性规划近似最优解的思路.

6.1　最优性条件

6.1.1　无约束非线性规划

考虑单变量无约束问题的最优性条件:

必要条件:若 $\bar{x} \in R$ 且 $f(x)$ 在 $\bar{x}$ 处取到极值,如果 $f(x)$ 在 $\bar{x}$ 可微,则 $\bar{x}$ 为 $f(x)$ 的驻点,即满足 $f'(\bar{x}) = 0$.

充分条件:若 $\bar{x} \in R$ 且 $f(x)$ 在 $\bar{x}$ 处可微,如果 $f'(\bar{x}) = 0$ 且 $f''(\bar{x}) > 0$,则 $f(x)$ 在 $\bar{x}$ 处取到极小值;如果 $f'(\bar{x}) = 0$ 且 $f''(\bar{x}) < 0$,则 $f(x)$ 在 $\bar{X}$ 处取到极大值.

多变量情形下:

定理 6.1　(一阶必要条件)设 $\overline{X} \in R^n$ 为函数 $f(X)$ 在 R^n 的局部极小点,且 $f(X)$ 在 $\overline{X}$ 可微,则 $\nabla f(\overline{X}) = 0$.

证明:用反证法,假设 $\nabla f(\overline{X}) \neq 0$,令 $d = -\nabla f(\overline{X})$,则有 $\nabla f(\overline{X})^{\mathrm{T}} d = -\|\nabla f(\overline{X})\|^2 < 0$,所以 d 是 f 在点 $\overline{X}$ 处的下降方向,即存在 $\delta > 0$,使得:
$$f(\overline{X} + \lambda d) < f(\overline{X}), \forall \lambda \in (0, \delta)$$
这与 $\overline{X}$ 是 $f(X)$ 的局部极小点矛盾.

几何解释:若 $\overline{X}$ 为局部极小点,则 $f(X)$ 在 $\overline{X}$ 处不能有下降方向,从而,当 $\nabla f(\overline{X}) \neq 0$ 时,$-\nabla f(\overline{X})$ 为 $f(X)$ 在 $\overline{X}$ 处的一个下降方向,故若 $\overline{X} \in R^n$ 为函数 $f(X)$ 在 R^n 的极值点,必有 $\nabla f(\overline{X}) = 0$.

定理 6.2　(二阶必要条件)设 $\overline{X} \in R^n$ 为 $f(X)$ 在 R^n 的局部极小点,且 $f(X)$ 在 $\overline{X}$ 处二阶连续可微,则有 $\nabla f(\overline{X}) = 0$,且 $\nabla^2 f(\overline{X})$ 半正定.

证明:由一阶必要条件可得 $\nabla f(\overline{X}) = 0$,所以只需证明 $\nabla^2 f(\overline{X})$ 半正定即可.

因为 $f(X)$ 在 $\overline{X}$ 处二阶连续可微,且 $\nabla f(\overline{X}) = 0$,所以由二阶 Taylor 公式,对于任意非零向量 $d \in R^n$ 和充分小的 $\lambda > 0$,有:
$$f(\overline{X} + \lambda d) = f(\overline{X}) + \frac{1}{2} \lambda^2 d^{\mathrm{T}} \nabla^2 f(\overline{X}) d + o(\|\lambda d\|^2)$$

由于 $\overline{X}$ 是局部极小点,因此 λ 充分小时,有:
$$f(\overline{X} + \lambda d) \geqslant f(\overline{X})$$

从而:
$$\frac{1}{2} \lambda^2 d^{\mathrm{T}} \nabla^2 f(\overline{X}) d + o(\|\lambda d\|^2) \geqslant 0 \Rightarrow d^{\mathrm{T}} \nabla^2 f(\overline{X}) d + 2 \frac{o(\|\lambda d\|^2)}{\|\lambda d\|^2} \|d\|^2 \geqslant 0$$

令 $\lambda \to 0^+$,得到 $d^{\mathrm{T}} \nabla^2 f(\overline{X}) d \geqslant 0$,所以 $\nabla^2 f(\overline{X})$ 半正定.

定理 6.3　(二阶充分条件)设 $f(X)$ 是定义在 R^n 上的二阶连续可微函数,如果 $\nabla f(X^*) = 0$,且 $\nabla^2 f(X^*)$ 正定,则 X^* 为函数 $f(X)$ 在 R^n 的严格局部极小点.

证明:因为 $f(X)$ 在点 X^* 处二阶连续可微,且 $\nabla f(X^*) = 0$,所以由二阶 Taylor 公式,对于任意非零向量 $d \in R^n$ 和充分小的 $\lambda > 0$,有:
$$f(X^* + \lambda d) = f(X^*) + \frac{1}{2} \lambda^2 d^{\mathrm{T}} \nabla^2 f(X^*) d + o(\|\lambda d\|^2)$$

因为 $\nabla^2 f(X^*)$ 正定,且 $d \neq 0$,因而 $d^{\mathrm{T}} \nabla^2 f(X^*) d > 0$.

所以:
$$\frac{1}{2} \lambda^2 d^{\mathrm{T}} \nabla^2 f(X^*) d + o(\|\lambda d\|^2) > 0$$

即 $f(X^* + \lambda d) > f(X^*)$,再由 d 的任意性可知 X^* 为 $f(X)$ 局部极小点.

定理 6.4　设 $f(X)$ 是定义在 R^n 上的凸函数,如果 $\nabla f(\overline{X}) = 0$,则 $\overline{X}$ 为函数 $f(X)$ 在 R^n 上的全局极小点.(一阶必要条件+凸性)

证明:利用可微凸函数的一阶判别条件和 $\nabla f(\overline{X}) = 0$ 易证.

定理 6.5　(凸充分性定理)若 $f(X)$ 为凸函数,且在点 $X^* \in R^n$ 处可微,若 $\nabla f(X^*) = 0$,则 X^* 是全局极小点.

证明:因为 $f(X)$ 为凸函数,且在点 $X^* \in R^n$ 处可微,所以:

$$f(X) \geqslant f(X^*) + \nabla f(X^*)^T (X - X^*), \forall X \in R^n,$$

又由于 $\nabla f(X^*) = 0$,因此 $f(X) \geqslant f(X^*), \forall X \in R^n$,所以 X^* 是全局极小点.

易证明若 $f(X)$ 为严格凸函数,且在点 $X^* \in R^n$ 处可微,若 $\nabla f(X^*) = 0$,则 X^* 是唯一的全局极小点.

推论:若 $f(X)$ 为凸函数,且在点 $X^* \in R^n$ 处可微,则 X^* 是 $f(X)$ 全局极小点的充要条件是 $\nabla f(X^*) = 0$.

驻点可能是极大值点,也可能是极小值点,也可能不是极值点. 但若目标函数为凸函数,则驻点就是全局极小值点;若目标函数为凹函数,则驻点就是全局极大值点.

例 6.1 利用极值条件求解.

$$\min_{X \in R^2} f(X) = \frac{1}{3} x_1^3 + \frac{1}{3} x_2^3 - x_2^2 - x_1$$

解:$\dfrac{\partial f}{\partial x_1} = x_1^2 - 1, \dfrac{\partial f}{\partial x_2} = x_2^2 - 2x_2$

令 $\nabla f(X) = 0$,即 $x_1^2 - 1 = 0, x_2^2 - 2x_2 = 0$.

得到驻点:

$$X^{(1)} = \begin{bmatrix} 1 \\ 0 \end{bmatrix}, X^{(2)} = \begin{bmatrix} 1 \\ 2 \end{bmatrix}, X^{(3)} = \begin{bmatrix} -1 \\ 0 \end{bmatrix}, X^{(4)} = \begin{bmatrix} -1 \\ 2 \end{bmatrix}$$

Hesse 矩阵:$\nabla^2 f(X) = \begin{bmatrix} 2x_1 & 0 \\ 0 & 2x_2 - 2 \end{bmatrix}$

在点 $X^{(1)}, X^{(2)}, X^{(3)}, X^{(4)}$ 处 Hesse 矩阵:

$$\nabla^2 f(X^{(1)}) = \begin{bmatrix} 2 & 0 \\ 0 & -2 \end{bmatrix}, \nabla^2 f(X^{(2)}) = \begin{bmatrix} 2 & 0 \\ 0 & 2 \end{bmatrix}$$

$$\nabla^2 f(X^{(3)}) = \begin{bmatrix} -2 & 0 \\ 0 & -2 \end{bmatrix}, \nabla^2 f(X^{(4)}) = \begin{bmatrix} -2 & 0 \\ 0 & 2 \end{bmatrix}$$

$\nabla^2 f(X^{(1)})$ 和 $\nabla^2 f(X^{(4)})$ 不定,$X^{(1)}, X^{(4)}$ 不是极小点;$\nabla^2 f(X^{(3)})$ 负定,$X^{(3)}$ 是极大点;$\nabla^2 f(X^{(2)})$ 正定,$X^{(2)}$ 是局部极小点.

6.1.2 有约束非线性规划

现考虑一般形式的非线性规划数学模型:

$$\min f(X)$$
$$\text{s. t.} \begin{cases} h_i(X) = 0, (i = 1, 2, \cdots, m) \\ g_j(X) \geqslant 0, (j = 1, 2, \cdots, l) \end{cases}$$

假设 $f(X), h_i(X)$ 和 $g_j(X)$ 均具有一阶连续偏导数,$X^{(0)}$ 是非线性规划的一个可行解. 现考虑某一不等式约束 $g_j(X) \geqslant 0$,$X^{(0)}$ 满足该不等式有两种可能:① $g_j(X^{(0)}) > 0$,此时 $X^{(0)}$ 不在由该约束形成的可行域边界上,因此该约束对 $X^{(0)}$ 的微小变动不起限制作用,从而称该约束为无效约束;② $g_j(X^{(0)}) = 0$,此时 $X^{(0)}$ 处在由该约束形成的可行域边界上,因此该约束对 $X^{(0)}$ 的微小变动会起某种限制作用,从而称该约束为有效约束.显而易见,所有等式约束都是有效约束.

$X^{(0)}$ 是非线性规划的一个可行解,对于此点的某一方向 D,若存在实数 $\lambda_0 > 0$ 使任意 $\lambda \in [0, \lambda_0]$ 均有 $X^{(0)} + \lambda D \in S$,就称方向 D 是 $X^{(0)}$ 点的一个可行方向,此处 S 代表非线性规划的可行域.

若 D 是 $X^{(0)}$ 点的任一可行方向,则对该点所有有效约束 $g_j(X) \geqslant 0$ 均有:

$$\nabla g_j(X^{(0)})^{\mathrm{T}} D \geqslant 0, j \in J$$

其中,J 代表在 $X^{(0)}$ 点所有有效约束下标的集合,如图 6.1 所示.

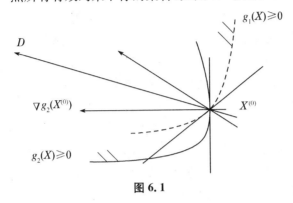

图 6.1

另一方面,由泰勒展开式,

$$g_j(X^{(0)} + \lambda D) = g_j(X^{(0)}) + \lambda \nabla g_j(X^{(0)})^{\mathrm{T}} D + 0(\lambda)$$

可知对所有有效约束,当 $\lambda > 0$ 足够小时,只要:

$$\nabla g_j(X^{(0)})^{\mathrm{T}} D > 0, j \in J$$

就有:

$$g_j(X^{(0)} + \lambda D) \geqslant 0, j \in J$$

此外,对 $X^{(0)}$ 点所有的无效约束来讲,由于约束函数的连续性,当 $\lambda > 0$ 足够小时,上式依然成立. 因而,只要方向 D 满足上式,即可保证 D 是 $X^{(0)}$ 点的**可行方向**.

非线性规划的某一可行点 $X^{(0)}$,对该点的任一方向来说,若存在实数 $\lambda_0 > 0$ 使任意 $\lambda \in [0, \lambda_0]$ 均有 $f(X^{(0)} + \lambda D) < f(X^{(0)})$,就称方向 D 是 $X^{(0)}$ 点的一个**下降方向**.

将目标函数 $f(X)$ 在 $X^{(0)}$ 处做一阶泰勒展开,若方向 D 满足 $\nabla f(X^{(0)})^{\mathrm{T}} D < 0$,则 D 必是 $X^{(0)}$ 点的一个下降方向.

如果方向 D 既是 $X^{(0)}$ 点的一个可行方向又是一个下降方向,就称 D 是 $X^{(0)}$ 点的一个**可行下降方向**. 显然,如果某点存在可行下降方向,那么该点就不会是极小点;另一方面,如果某点是极小点,则该点不存在可行下降方向.

定理 6.6　设 X^* 是非线性规划的一个局部极小点,目标函数 $f(X)$ 在 X^* 处可微,而且:

$$g_j(X) \text{ 在 } X^* \text{ 处可微,当 } j \in J \text{ 时}$$

$$g_j(X) \text{ 在 } X^* \text{ 处连续,当 } j \notin J \text{ 时}$$

(此处 J 代表在 X^* 处有效约束的下标集合)则在 X^* 点不存在可行下降方向,从而不存

在向量 D 同时满足：

$$\nabla f(X^*)^{\mathrm{T}} D < 0$$
$$\nabla g_j(X^*)^{\mathrm{T}} D < 0, j \in J$$

事实上，若在 X^* 点存在满足上式的向量 D，则从 X^* 点出发沿方向 D 搜索可找到比 X^* 点更好的点，这与 X^* 点是一个局部极小点的假设相矛盾，所以这个定理是显然成立的.

其几何意义是十分明显的，即 X^* 点处满足该条件的方向 D 与 X^* 点**目标函数负梯度方向**的夹角为锐角，与 X^* 点所有**有效约束梯度方向**的夹角也为锐角.

假设 X^* 是非线性规划的极小点，该点可能处于可行域的内部，也可能处于可行域的边缘上. 若为前者，该规划问题实质是一个无约束极值问题，X^* 必满足 $\nabla f(X^*) = 0$；若为后者，情况就复杂多了，接下来我们就对这一复杂情况进行分析.

不失一般性，设 X^* 位于第一个约束所形成的可行域的边缘上，即第一个约束是 X^* 点处的有效约束，$g_1(X^*) = 0$. 若 X^* 是极小点，则 $\nabla g_1(X^*)$ 必与 $-\nabla f(X^*)$ 在同一直线上，且方向相反（这里假定 $\nabla g_1(X^*)$ 和 $f(X^*)$ 皆不为"0"）；否则，在 X^* 点处就一定存在可行下降方向，如图 6.2 所示. X^* 点是满足上述条件的极小点，角度 β 表示非极小点 X 处的可行下降方向的范围. 既然 $\nabla g_1(X^*)$ 与 $-\nabla f(X^*)$ 在同一直线上，且方向相反，则必存在一个实数 $\gamma_1 > 0$，使 $\nabla f(X^*) - \gamma_1 \nabla g_1(X^*) = 0$.

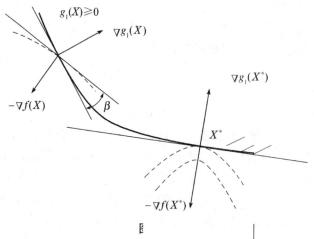

图 6.2

若 X^* 点处在两个有效约束边缘上，比如说 $g_1(X^*) = 0$ 和 $g_2(X^*) = 0$. 在这种情况下，$\nabla f(X^*)$ 必处于 $\nabla g_1(X^*)$ 和 $\nabla g_2(X^*)$ 的夹角之内；如若不然，X^* 点必存在可行下降方向，这与 X^* 是极小点相矛盾，如图 6.3 所示.

由此可见，如果 X^* 是极小点，而且 X^* 点的有效约束的梯度 $\nabla g_1(X^*)$ 和 ∇

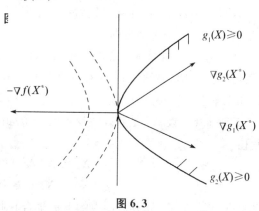

图 6.3

$g_2(X^*)$ 线性独立,则可以将 $\nabla f(X^*)$ 表示成为 $\nabla g_1(X^*)$ 和 $\nabla g_2(X^*)$ 的非负线性组合;也就是说,存在实数 $\gamma_1>0$ 和 $\gamma_2>0$,使:

$$\nabla f(X^*)-\gamma_1 \nabla g_1(X^*)-\gamma_2 \nabla g_2(X^*)=0$$

如此类推,可以得到:

$$\nabla f(X^*)-\sum_{j\in J}\gamma_j \nabla g_j(X^*)=0$$

为使所有无效约束也同上述有效约束一样包含在式中,增加约束条件 $\{\gamma_j g_j(X^*)=0;\gamma_j\geqslant0\}$,当 $g_j(X^*)=0$ 时 $\gamma_j>0$;当 $g_j(X^*)\neq0$ 时 $\gamma_j=0$. 如此即可得到式(6-23)所示的卡罗需-库恩-塔克条件(Karush-Kuhn-Tucker,KKT 条件,满足这一条件的点称为 KKT 点). 设 X^* 是非线性规划 $\{\min f(X),g_j(X)\geqslant0,j=1,2,\cdots,n\}$ 的极小点,而且 X^* 点各有效约束的梯度线性独立,则存在向量 $\Gamma^*=(\gamma_1^*,\gamma_2^*,\cdots,\gamma_n^*)$,使下述条件成立:

$$\begin{cases}\nabla f(X^*)-\sum_{j=1}^{n}\gamma_j^* \nabla g_j(X^*)=0\\ \gamma_j^* g_j(X^*)=0,j=1,2,\cdots,l\\ \gamma_j^*\geqslant0,j=1,2,\cdots,l\end{cases}$$

由于等式约束总是有效约束,所以一般形式的非线性规划的库恩-塔克条件可表达为:

设 X^* 是非线性规划:

$$\{\min f(X);h_i(X)=0,i=1,2,\cdots,m;g_j(X)\geqslant0,j=1,2,\cdots,l\}$$

的极小点,而且 X^* 点的所有有效约束的梯度 $\nabla h_i(X^*)(i=1,2,\cdots,m)$ 和 $\nabla g_j(X^*)(j\in J)$ 线性独立,则存在向量 $\lambda^*=(\lambda_1^*,\lambda_2^*,\cdots,\lambda_m^*)$ 和 $\Gamma^*=(\gamma_1^*,\gamma_2^*,\cdots,\gamma_n^*)$,使下述条件成立:

$$\begin{cases}\nabla f(X^*)-\sum_{i=1}^{m}\lambda_i^* \nabla h_i(X^*)-\sum_{j=1}^{n}\gamma_j^* \nabla g_j(X^*)=0\\ \gamma_j^* g_j(X^*)=0,j=1,2,\cdots,l\\ \gamma_j^*\geqslant0,j=1,2,\cdots,l\end{cases}$$

式中,λ_i^* 和 γ_j^* 称为广义拉格朗日乘子(Lagrange Multipliers).

库恩-塔克条件是非线性规划领域中最重要的理论成果之一,是确定某点为极值点的**必要条件**;但一般来讲它并**不是充分条件**,因此满足这一条件的点并非一定就是极值点. 对于**凸规划**,库恩-塔克条件是极值点存在的**充分必要条件**.

例 6.2　考虑问题:

$$\min (x_1-2)^2+x_2^2$$
$$\text{s. t.}\begin{cases}x_1-x_2^2\geqslant0\\ -x_1+x_2\geqslant0\end{cases}$$

验证点 $x^{(1)}=(0,0)^T,x^{(2)}=(1,1)^T$ 是否满足 KKT 条件.

解：

记 $f(X)=(x_1-2)^2+x_2^2, g_1(X)=x_1-x_2^2, g_2(X)=-x_1+x_2$

梯度：$\nabla f(X)=\begin{bmatrix} 2(x_1-2) \\ 2x_2 \end{bmatrix}, \nabla g_1(X)=\begin{bmatrix} 1 \\ -2x_2 \end{bmatrix}, \nabla g_2(X)=\begin{bmatrix} -1 \\ 1 \end{bmatrix}$

先验证 $X^{(1)}$. 在此点，$g_1(X)\geqslant 0$ 和 $g_2(X)\geqslant 0$ 都是起作用约束，目标函数和约束函数的梯度为：

$$\nabla f(X^{(1)})=\begin{bmatrix} -4 \\ 0 \end{bmatrix}, \nabla g_1(X^{(1)})=\begin{bmatrix} 1 \\ 0 \end{bmatrix}, \nabla g_2(X^{(1)})=\begin{bmatrix} -1 \\ 1 \end{bmatrix}$$

设 $\begin{bmatrix} -4 \\ 0 \end{bmatrix}-w_1\begin{bmatrix} 1 \\ 0 \end{bmatrix}-w_2\begin{bmatrix} -1 \\ 1 \end{bmatrix}=\begin{bmatrix} 0 \\ 0 \end{bmatrix}$

得到 $w_1=-4, w_2=0$. 由于 $w_1<0$，故 $X^{(1)}$ 不是 KKT 点.

再验证 $X^{(2)}$. 在此点，$g_1(X)\geqslant 0$ 和 $g_2(X)\geqslant 0$ 都是起作用约束，目标函数和约束函数的梯度为：

$$\nabla f(X^{(2)})=\begin{bmatrix} -2 \\ 2 \end{bmatrix}, \nabla g_1(X^{(2)})=\begin{bmatrix} 1 \\ -2 \end{bmatrix}, \nabla g_2(X^{(2)})=\begin{bmatrix} -1 \\ 1 \end{bmatrix}$$

设 $\begin{bmatrix} -2 \\ 2 \end{bmatrix}-w_1\begin{bmatrix} 1 \\ -2 \end{bmatrix}-w_2\begin{bmatrix} -1 \\ 1 \end{bmatrix}=\begin{bmatrix} 0 \\ 0 \end{bmatrix}$

得到 $w_1=0, w_2=2$. 故 $X^{(2)}$ 是 KKT 点.

例 6.3 求解下述非线性规划问题.

$$\min f(X)=3x_1^2+x_2^2+2x_1x_2+6x_1+2x_2$$
$$\text{s. t. } 2x_1-x_2=4$$

解：$H(X)=\begin{bmatrix} \dfrac{\partial^2 f}{\partial x_1^2} & \dfrac{\partial^2 f}{\partial x_1\partial x_2} \\ \dfrac{\partial^2 f}{\partial x_2\partial x_1} & \dfrac{\partial^2 f}{\partial x_2^2} \end{bmatrix}=\begin{bmatrix} 6 & 2 \\ 2 & 2 \end{bmatrix}$

$\nabla f(X)=(6x_1+2x_2+6, 2x_2+2x_1+2)^{\mathrm{T}}$

$\nabla h(X)=(2,-1)^{\mathrm{T}}$

引入拉格朗日乘子 λ_1^*，设 KKT 点为 $X^*=(x_1^*, x_2^*)^{\mathrm{T}}$，则该问题的 KKT 条件为：

$$\begin{bmatrix} 6x_1^*+2x_2^*+6 \\ 2x_2^*+2x_1^*+2 \end{bmatrix}-\lambda_1^*\begin{bmatrix} 2 \\ -1 \end{bmatrix}=0$$

即：

$6x_1^*+2x_2^*+6-2\lambda_1^*=0, 2x_1^*+2x_2^*+2+\lambda_1^*=0$

求解此二式与约束条件 $2x_1-x_2=4$ 所形成的联立方程组可得：

$$x_1^*=\frac{7}{11}, x_2^*=-\frac{30}{11}, \lambda_1^*=\frac{24}{11}$$

由于 $H(X)$ 是正定矩阵，所以 $f(X)$ 是严格的凸函数. 又由于约束条件 $2x_1-x_2=4$ 是线性函数，所以此非线性规划是凸规划，即此时库恩-塔克条件是极值点存在的充分必要条件.

所以有最优解 $X^* = \left(\dfrac{7}{11}, -\dfrac{30}{11}\right)$，最优值 $f(X^*) = 3.55$.

例 6.4　求解下述非线性规划问题.

$$\max f(x) = (x-4)^2$$
$$\text{s. t.}\begin{cases} g_1(x) = x-1 \geqslant 0 \\ g_2(x) = 6-x \geqslant 0 \end{cases}$$

解：设 KKT 点为 x^*，目标函数极小化 $\min f(x) = -(x-4)^2$，各函数的梯度分别为：
$\nabla f(x) = -2(x-4)$，$\nabla g_1(x) = 1$，$\nabla g_2(x) = -1$

对两个约束条件分别引入拉格朗日乘子 γ_1^* 和 γ_2^*，则有如下 KKT 条件：

$$\begin{cases} -2(x^*-4) - \gamma_1^* + \gamma_2^* = 0 \\ \gamma_1^*(x^*-1) = 0 \\ \gamma_2^*(6-x^*) = 0 \\ \gamma_1^*, \gamma_2^* \geqslant 0 \end{cases}$$

为求解该方程组，需要考虑以下几种情况：

(1) $\gamma_1^*, \gamma_2^* > 0$ 时，无解；

(2) $\gamma_1^* > 0, \gamma_2^* = 0$ 时，$x^* = 1, f(x^*) = 9$；

(3) $\gamma_1^* = 0, \gamma_2^* > 0$ 时，$x^* = 6, f(x^*) = 4$；

(4) $\gamma_1^* = 0, \gamma_2^* = 0$ 时，$x^* = 4, f(x^*) = 0$.

对应 (2)、(3)、(4) 三种情况，得到三个 KKT 点；其中 $x^* = 1$ 和 $x^* = 6$ 是极大值点，而 $x^* = 4$ 是极小值点. 参照图 6.4，很容易得到此题的最优解 $x^* = 1$，最优值 $f(x^*) = 9$.

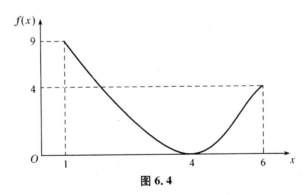

图 6.4

6.2　下降迭代算法

对于无约束优化问题，从理论上讲，可以先求得驻点，然后利用充分条件进行判别，求最优解.

但在实际中，对于一般的 n 元函数 $f(X)$ 来说，由于 $\nabla f(X) = 0$ 得到的常常是一个非线性方程组,求它的解相当困难.另外很多实际问题的目标函数对各自变量的偏导数不存在,从而无法利用上面所说求它的驻点,因此这时常常使用迭代法(Iterative Algorithm),更形象的一个名称是辗转法.

6.2.1　基本思想

给定一个初始估计解 $X^{(0)}$,然后按某种规则(即算法)映射出一个后继点 $X^{(1)}$,如此递推即可得到一个解的序列 $\{X^{(k)}\}$,这种规则就称为迭代算法.如果对于函数 $f(X)$,迭代序列都满足,$f(X^{k+1})<f(X^k)$,则称此迭代算法为下降迭代算法."下降"的要求其实是很容易满足的,因此下降算法包括了很多具体的算法.

迭代法可大体分为两大类:一类要用到函数的一阶导数和(或)二阶导数,由于此种方法涉及函数的解析性质,故称为解析法;另一类在迭代过程中只用到函数的数值,而不要求函数的解析性质,故称为直接法.一般来讲,直接法的收敛速度较慢,只有在变量较少时才能使用.当然,直接法也有其自身的长处,那就是它的迭代过程简单,并能处理导数难以求得或根本不存在的函数极值问题.

在一定条件下,下降迭代算法产生的点列 $\{X^{(k)}\}$ 收敛于原问题的解 X^*,即 $\lim\limits_{k\to\infty}\parallel X^{(k)}-X^*\parallel=0$.

例 6.5　考虑线性规划:

$$\min x^2$$
$$\text{s. t.}\quad x\geqslant 1$$

最优解 $\bar{x}=1$.设计一个算法 A 求出这个最优解.

$$A=\begin{cases}\left[1,\dfrac{1}{2}(x+1)\right],x\geqslant 1\\[2mm]\left[\dfrac{1}{2}(x+1),1\right],x<1\end{cases}$$

从一点出发,经 A 作用得到一个闭区间.从此区间中任取一点作为后继点,得到一个点列.在一定条件下,该点列收敛于问题的解.利用算法 A 可以产生不同的点列,如以 $x=3$ 为起点可产生点列:

$$\{3,2,3/2,5/4,\cdots\}$$

其聚点是问题的最优解.

但非线性最优化求解时迭代点序列收敛于全局最优解通常比较困难,如求解函数 $f(x)=\mid x\mid$ 的极小值,显然 $x=0$ 是极小点,下面构造极小化序列:$x_{k+1}=$
$$\begin{cases}\dfrac{1}{2}(x_k-1)+1,x_k>1\\[2mm]\dfrac{1}{2}x_k,\qquad\qquad x_k\leqslant 1\end{cases}$$
,易证明这是一个下降算法.若取初始点 $x_0>1$,则所有 $x_k>1$,因此迭代序列不可能收敛到极小点;但若取初始点 $x_0\leqslant 1$,则极小化序列会收敛到极小点 0,类似上例中只有当初始点充分靠近极小点,才能保证序列 $\{x_k\}$ 收敛到 x^* 的算法,为局部收敛,如果对任意初始点产生的迭代序列都能收敛到 x^*,就称为全局收敛的算法.

6.2.2 基本问题

若从 $X^{(k)}$ 出发沿任何方向移动都不能使目标函数下降,则 $X^{(k)}$ 是一个局部极小点;若从 $X^{(k)}$ 出发至少存在一个方向能使目标函数下降,则可选定某一下降方向 $P^{(k)}$,沿这一方向前进一步,得到下一个点 $X^{(k+1)}$.

沿 $P^{(k)}$ 方向前进一步相当于在射线 $X = X^{(k)} + \lambda_k P^{(k)}$ 上选定新的点 $X^{(k+1)} = X^{(k)} + \lambda_k P^{(k)}$;其中 $P^{(k)}$ 为搜索方向,λ_k 为步长.

确定搜索方向 $P^{(k)}$ 是关键的一步,各种算法的区别主要在于确定搜索方向 $P^{(k)}$ 的方法不同,常用的有负梯度方向和牛顿方向等.对于无约束优化问题,只要是下降方向即可;而有约束优化问题 $P^{(k)}$ 需要是下降可行方向.

确定 λ_k 亦可选用不同的方法,λ_k 分为定步长、可接受步长和最佳步长三类.定步长指每次迭代的步长都相同,如取 $\lambda = 1$;满足 $f(X^{(k)} + \lambda_k d) < f(X^{(k)})$ 的 λ_k 取值成为可接受步长;步长 λ_k 的选定一般都是以使目标函数在搜索方向上下降最多为依据的,称为最佳步长;即沿射线 $X = X^{(k)} + \lambda_k P^{(k)}$ 求以 λ_k 为变量的一元函数目标函数 $f(X^{(k)} + \lambda_k P^{(k)})$ 的极小点 λ_k 来实现的,故称这一过程为一维搜索或线性搜索.

一维搜索有一个非常重要的性质,即**在搜索方向上所得最优点的梯度和搜索方向正交**;这一性质可表达成:

$$f(X^{(k+1)}) = \min_{\lambda} f(X^{(k)} + \lambda P^{(k)})$$
$$X^{(k+1)} = X^{(k)} + \lambda_k P^{(k)}$$

则有:

$$\nabla f(X^{(k+1)})^{\mathrm{T}} P^{(k)} = 0$$

其几何意义如图 6.5 所示.

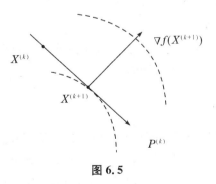

图 6.5

定理 6.7 设 $f(X)$ 具有一阶连续偏导数,$X^{(k+1)}$ 按规则 $\begin{cases} \lambda_k : \min f(X^{(k)} + \lambda_k P^{(k)}) \\ X^{(k+1)} = X^{(k)} + \lambda_k P^{(k)} \end{cases}$ 得到,则有 $\nabla f(X^{(k+1)})^{\mathrm{T}} P^{(k)} = 0$.

证明:设 $\varphi(\lambda) = f(X^{(k)} + \lambda_k P^{(k)})$,令 $\varphi'(\lambda) = 0$,即:

$$\frac{\mathrm{d}f(X^{(k)}+\lambda P^{(k)})}{\mathrm{d}\lambda}=0 \Rightarrow \nabla f(X^{(k)}+\lambda P^{(k)})^{\mathrm{T}}P^{(k)}=0$$

求出：

$$\lambda_k \Rightarrow \nabla f(X^{(k)}+\lambda_k P^{(k)})^{\mathrm{T}}P^{(k)}=0 \Rightarrow \nabla f(X^{(k+1)})^{\mathrm{T}}P^{(k)}=0$$

迭代关系式(迭代规划)和迭代控制是迭代算法比较关键的环节,由于递推步骤的有限性,一般来说很难得到精确解,所以要对迭代过程进行控制,当满足所要求的精度时即可停止迭代而得到一个近似解.

因为真正的极值点 X^* 在求解之前并不知道,因此,一般把满足某些条件的集合定义为解集合,当迭代点属于这个集合时就可以停止迭代,常用的终止条件有($\varepsilon_1,\varepsilon_2,\varepsilon_3$, $\varepsilon_4,\varepsilon_5$ 是事先给定的充分小的正数):

(1) 相继两次迭代的绝对误差.

$$可行域内:|X^{(k+1)}-X^{(k)}|<\varepsilon_1$$

$$函数值域:|f(X^{(k+1)})-f(X^{(k)})|<\varepsilon_2$$

(2) 相继两次迭代的相对误差.

$$可行域内:\frac{|X^{(k+1)}-X^{(k)}|}{|X^{(k)}|}<\varepsilon_3$$

$$函数值域:\frac{|f(X^{(k+1)})-f(X^{(k)})|}{|f(X^{(k)})|}<\varepsilon_4$$

(3) 目标函数梯度的模充分小.

$$\|\nabla f(X^{(k)})\|<\varepsilon_5$$

归纳非线性最优化问题下降迭代算法的一般步骤为:

(1) 选定初始点 $X^{(0)}$,令 $k=0$;

(2) 依照一定规则构造 f 在点 $X^{(k)}$ 的下降方向,作为搜索方向 $P^{(k)}$;

(3) 从 $X^{(k)}$ 出发,沿 $P^{(k)}$ 求步长 λ_k ,使得 $f(X^{(k)}+\lambda_k d)<f(X^{(k)})$;

(4) 求新的迭代点, $X^{(k+1)}=X^{(k)}+\lambda_k P^{(k)}$;

(5) 检查终止条件,判定 $X^{(k+1)}$ 是否为极小点或近似极小点,若是,停止迭代,输出近似最优解 $X^{(k+1)}$;否则, $k=k+1$,转向(2).

6.2.3 收敛速度

满足以上的终止条件的算法,叫作实用收敛性算法,与之对应的还有一类理论收敛性算法.此外判断算法好坏,一是看否收敛,二是看收敛速度,如果算法产生的迭代序列虽然收敛到最优解,但收敛速度太慢,以致在允许时间内得不到满意结果,那这类算法也不是好算法.下面以一元函数为例简单介绍理论收敛性和收敛速度的相关概念.

由算法产生的迭代序列 $\{x_k\}$ 收敛于 x^* ,即有 $\lim\limits_{k\to\infty}\|x_k-x^*\|=0$,若 $\lim\limits_{k\to\infty}\frac{\|x_{k+1}-x^*\|}{\|x_k-x^*\|}=\beta$ 存在,当 $\beta=0$ 时称 $\{x_k\}$ 为超线性收敛;当 $0<\beta<1$ 时称 $\{x_k\}$ 为线性收敛;当 $\beta=1$ 时,则称 $\{x_k\}$ 为次线性收敛,次线性收敛的收敛速度一般是比较慢的.

若存在某个实数 $\alpha>0$，有 $\lim\limits_{k\to\infty}\dfrac{\parallel x_{k+1}-x^*\parallel}{\parallel x_k-x^*\parallel^{\alpha}}=\beta$，则称算法是 α 阶收敛的，或称算法所产生的迭代序列 $\{x_k\}$ 具有 α 阶收敛速度. 当 $\alpha>1$ 时，α 阶收敛必为超线性收敛，反之不一定成立；当 $1<\alpha<2$ 时，称为超线性收敛；当 $\alpha=2$ 时，称为二阶收敛.

一般来说，$\alpha>1$ 时，都称为好算法，因为具有超线性收敛速度的算法都是比较快速收敛. 收敛级取决于当 $k\to\infty$ 时该序列所具有的性质，它反映了序列收敛的快慢.

收敛级 α 越大，序列收敛得越快. 当收敛级 α 相同时，收敛比 β 越小，序列收敛得越快.

需要说明的是，说一个算法是线性收敛（超线性收敛或二阶收敛）是指算法产生的迭代序列在最坏的情况下是线性收敛（超线性收敛或二阶收敛）的. 收敛性和收敛速度的理论结果并不保证算法在实际运行时一定有好的计算过程和结果，一方面是这些理论分析忽略了计算过程中一些环节影响，比如数值舍入的误差等；另一方面是这些理论分析通常要对函数 $f(x)$ 加一些不容易验证的特殊限定，而这些限制条件在实际计算中不一定能得到满足.

定理 6.8　如果迭代序列 $\{x_k\}$ 超线性收敛于 x^*，则 $\lim\limits_{k\to\infty}\dfrac{\parallel x_{k+1}-x_k\parallel}{\parallel x_k-x^*\parallel^{\alpha}}=1$.

证明：因为 $\{x_k\}$ 超线性收敛于 x^*，所以有 $\lim\limits_{k\to\infty}\dfrac{\parallel x_{k+1}-x^*\parallel}{\parallel x_k-x^*\parallel}=0$，又 $\dfrac{\parallel x_{k+1}-x^*\parallel}{\parallel x_k-x^*\parallel}=$

$\dfrac{\parallel(x_{k+1}-x_k)+(x_k-x^*)\parallel}{\parallel x_k-x^*\parallel}\geqslant\mid\dfrac{\parallel x_{k+1}-x_k\parallel}{\parallel x_k-x^*\parallel}-\dfrac{\parallel x_k-x^*\parallel}{\parallel x_k-x^*\parallel}\mid=\mid\dfrac{\parallel x_{k+1}-x_k\parallel}{\parallel x_k-x^*\parallel}-1\mid$，

所以 $\lim\limits_{k\to\infty}\dfrac{\parallel x_{k+1}-x_k\parallel}{\parallel x_k-x^*\parallel^{\alpha}}=1$.

定理 6.9　为选用两次迭代结果的相对误差和绝对误差作为终止条件提供了理论依据.

例 6.6　$x_k=2^{-k}(k=1,2,\cdots)$，$\{x_k\}$ 收敛于 $x^*=0$. 证明序列 $\{x_k\}$ 的收敛阶数为 1，且是线性收敛.

证明：$\lim\limits_{k\to\infty}\dfrac{\parallel x_{k+1}-x^*\parallel}{\parallel x_k-x^*\parallel}=\dfrac{1}{2}$，所以序列 $\{x_k\}$ 的收敛阶数为 1，且是线性收敛.

习　题

6.1　用 KKT 条件求解下列问题.
$$\min x_1^2-x_2-3x_3$$
$$\text{s. t.}\begin{cases}-x_1-x_2-x_3\geqslant0\\x_1^2+2x_2-x_3=0\end{cases}$$

6.2　考虑下列非线性问题：
$$\min\frac{1}{2}[(x_1-1)^2+x_2^2)]$$

$$\text{s. t. } -x_1+\beta x_2^2=0$$

讨论 β 取何值时 $\bar{x}=(0,0)^{\mathrm{T}}$ 是局部最优解?

6.3 写出下列非线性规划的 Kuhn-Tucker 条件,并求解:

(1) $\min f(X)=x_1^2+x_2$

$$\text{s. t. } \begin{cases} x_1^2+x_2^2-9=0 \\ 1-x_1-x_2^2 \geqslant 0 \\ 1-x_1-x_2 \geqslant 0 \end{cases}$$

(2) $\max f(X)=\ln(x_1+x_2)$

$$\text{s. t. } \begin{cases} x_1+2x_2 \leqslant 5 \\ x_1,x_2 \geqslant 0 \end{cases}$$

(3) $\min f(X)=\left(x_1-\dfrac{9}{4}\right)^2+(x_2-2)^2$

$$\text{s. t. } \begin{cases} x_2-x_1^2 \geqslant 0 \\ x_1+x_2 \leqslant 6 \\ x_1,x_2 \geqslant 0 \end{cases}$$

(4) $\max f(X)=3x_1-x_2+x_3^2$

$$\text{s. t. } \begin{cases} -x_1+2x_2+x_3^2=0 \\ x_1+x_2+x_3 \leqslant 0 \end{cases}$$

6.4 $x_k=k^{-2}$,证明序列 $\{x_k\}$ 的收敛阶数为 1,但不是线性收敛.

6.5 $x_k=k^{-k}$,证明序列 $\{x_k\}$ 的收敛阶数为 1,且是超线性收敛.

6.6 $x_k=a^{2^k}(0<a<1)$,证明序列 $\{x_k\}$ 是二阶收敛.

第7章　一维搜索

关键词

一维搜索(One Dimensional Search)　　下单峰函数(Unimodal Function)

搜索区间(Search Interval)　　　　　成功—失败法(Success-failure Method)

黄金分割法(Golden Section Method)　斐波那契法(Fibonacci Method)

切线法(Newton-Raphson Method)　　二次插值法(Quadratic Interpolation Method)

内容概述

一维搜索也叫一维极值优化,是非线性规划的重要基础.在多维问题中,利用迭代法求函数的极小点时,也常常要用到一维搜索求解迭代步长.常用的求解方法有试探法、区间收缩法和插值法.

7.1　一维搜索概述

7.1.1　一维搜索基本概念

求目标函数在直线上的极点,即沿某一已知方向求目标函数的极点,也就是单变量寻优,称为一维搜索,也称为线搜索(Line Search),本章以求函数极小点类的问题 $\min f(x)$ 为例进行介绍.

一维搜索是确定一元函数极值点的数值方法,即单变量函数的极值问题.在最优化方法中,一维搜索虽然最简单,但却十分重要,因为多维最优化问题的求解一般都伴有一系列的一维搜索.

在多维优化问题的许多迭代下降算法中,得到点 $X^{(k)}$ 后,根据按某种规则确定一个方向 $D^{(k)}$,再从 $X^{(k)}$ 出发,沿方向 $D^{(k)}$ 在直线(或射线)L 上求目标函数的极小点,从而得后继点 $X^{(k+1)}$.求目标函数 $f(X)$ 在直线上极小点转化为求一元函数 $\varphi(\lambda)=f(X^{(k)}+\lambda D^{(k)})$ 的极小点.

精确一维搜索方法是用解析方式求出驻点.但具体问题中有可能函数不可导,或者可导而难解出驻点,或者得到驻点但难以判定最优性.

所以更多情况下需要使用非精确一维搜索,常用的方法有大体可分成两类:① 试探法,按某种方式找试探点,通过一系列试探点来确定极小点,如成功—失败法;② 区间收缩法,如 Fibonacci 法、黄金分割法等;③ 函数逼近法(或插值法),用某种较简单的曲线逼近本来的函数曲线,通过求逼近函数的极小点来估计目标函数的极小点,如切线法、插值法(抛物线插值法和三次插值法)等.

7.1.2 搜索区间及其确定方法

定义 7.1 设 $x^* \in R$ 是函数 f 的最小值点,即 $f(x^*) = \min f(x)$. 若存在闭区间 $[a,b] \subset R$,使 $x^* \in [a,b]$,则称 $[a,b]$ 为一维极小化问题 $\min f(x)$ 的搜索区间.

在进行一维搜索的时候需要确定搜索区间,也就是包含该问题最优解的一个闭区间,如果没有给定的话,需要通过试探的方法确定一个初始区间,然后在此区间进行搜索求解,常用的方法是进退法,基本思想是试图找到函数值呈高—低—高变化的三点,两边的高点就对应一个搜索区间. 黄金分割法等搜索方法基本的思路是确定包含最优解的初始搜索区间,再采用某些区间分割技术或插值方法不断缩小搜索区间,最后得到解.

进退法的计算步骤:

(1) 给定初点 $x^{(0)} \in R$,初始步长 $h_0 > 0$. 置 $h := h_0$,$x^{(1)} = x^{(0)}$,计算 $f(x^{(1)})$,并置 $k = 0$.

(2) 令 $x^{(4)} = x^{(1)} + h$,计算 $f(x^{(4)})$,置 $k := k+1$.

(3) 若 $f(x^{(4)}) < f(x^{(1)})$,则转步骤(4);否则,转步骤(5).

(4) 令 $x^{(2)} = x^{(1)}$,$x^{(1)} = x^{(4)}$,$f(x^{(2)}) = f(x^{(1)})$,$f(x^{(1)}) = f(x^{(4)})$,置 $h := 2h_0$,转步骤(2).

(5) 若 $k = 1$,则转步骤(6);否则,转步骤(7).

(6) 置 $h := -h$,$x^{(2)} = x^{(4)}$,$f(x^{(2)}) = f(x^{(4)})$,转步骤(2).

(7) 令 $x^{(3)} = x^{(2)}$,$x^{(2)} = x^{(1)}$,$x^{(1)} = x^{(4)}$,停止计算.

得到含有极小点的区间 $[x^{(1)}, x^{(3)}]$ 或者 $[x^{(3)}, x^{(1)}]$.

实际应用中,为了获得合适的 h_0,有时需要做多次试探才能成功.

7.1.3 下单峰函数及其性质

定义 7.2 设 f 是定义在闭区间 $[a,b]$ 上的一元实函数,如果存在 $x^* \in [a,b]$,并且对任意的 $x^{(1)}, x^{(2)} \in [a,b]$ 且 $x^{(1)} < x^{(2)}$,有:

当 $x^{(2)} \leqslant x^*$ 时,$f(x^{(1)}) > f(x^{(2)})$;

当 $x^{(1)} \geqslant x^*$ 时,$f(x^{(2)}) > f(x^{(1)})$,则称 f 是在区间 $[a,b]$ 上的下单峰函数,也称为单谷函数.

下单峰函数还可以等价地定义如下:

定义 7.3 若存在 $x^{(2)} \leqslant x^*$,使得函数 f 在 $[a,x^*]$ 上单调递减,而在 $[x^*,b]$ 上单调递增,则称 $[a,b]$ 是函数 f 的单峰区间,f 是 $[a,b]$ 上的下单峰函数.

图 7.1(a)中的函数是 $[a,b]$ 上的下单峰函数,可见一个函数在某区间上是下单峰

函数,也就是在此区间中该函数只有一个极小值,图7.1(b)中的函数在$[a,b]$上有两个极小值不是下单峰函数,另外下单峰函数在该区间上不一定是连续函数,如图7.1(c)所示.

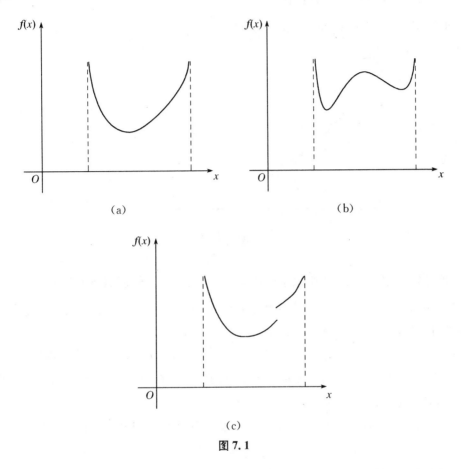

(a)

(b)

(c)

图7.1

7.2 试探法

试探法是确定下单峰搜索区间的一种简单方法,尝试新的点并判断有没有获得改进,典型的试探法有成功—失败法,这种方法不需要函数可微,其基本思想是从一点出发,按一定步长寻找目标函数值更优的点,一个方向失败就退回来,向相反的方向寻找.

设初始点为x_0,初始步长$h_0>0$,如果$f(x_0+h_0)<f(x_0)$,则下一步从x_0+h_0出发,加大步长,继续向前搜索;否则,反向寻找.具体步骤如下:

(1) 选取初始值:给定初始步长$h>0$,初始点$x_0,x_0\in[a,b]$,$\varepsilon>0$;

(2) $x\leftarrow x_0$;$f_1\leftarrow f(x)$;

(3) $f_2\leftarrow f(x+h)$;

(4) 比较目标函数值:如果$f_2<f_1$,转(5),否则转入(6);

(5) 加大搜索步长:$x\leftarrow x+h$;$f_1\leftarrow f_2$;$h\leftarrow 2h$;返回(3);

(6) 判定精度:如果 $|h| < \varepsilon$,转入(7),否则转入(8);

(7) 确定最优解:$x^* \leftarrow x$;

(8) 反向搜索:$h \leftarrow -\dfrac{h}{4}$;返回(3).

可参照图 7.2 理解成功—失败法的流程.

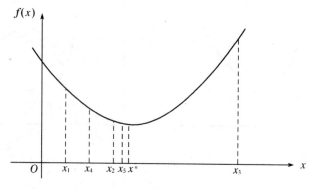

图 7.2

例 7.1 试用成功—失败法求函数 $f(x) = x^2 - x + 2$ 的近似极小点,$\varepsilon \leqslant 0.05$.

解:显然 $f(x) = x^2 - x + 2$ 是下单峰函数,取 $x_0 = 1, h = 0.5$,根据成功—失败法的步骤进行迭代:

第一轮,$f_1 = f(1) = 2, f_2 = f(1.5) = 2.75$,比较得到 $f_1 < f_2$;在第二轮迭代中,取 $h = -h \div 4 = -0.125, f_2 = f(x + h) = f(1 - 0.125) = f(0.875) = 1.890\ 625$,比较得到 $f_2 < f_1$;第三次迭代,$x = x + h = 0.875, f_1 = f_2, h = 2h = -0.25, f_2 = f(x + h) = f(0.875 - 0.25) = f(0.625) = 1.765\ 625$,后面的迭代数据如表 7.1 所示.

表 7.1

	1	2	3	4	5	6	7	8	9
h	0.5	−0.125	−0.25	−0.5	0.125	−0.031 25	−0.062 5	−0.125	0.031 25
x	1	1	0.875	0.625	0.625	0.625	0.593 75	0.531 25	0.531 25
$x+h$	1.5	0.875	0.625	0.125	0.75	0.593 75	0.531 25	0.431 25	0.587 5
f_1	2	2	1.890 625	1.765 625	1.765 625	1.765 625	1.758 789	1.750 977	1.750 977
f_2	2.75	1.890 625	1.765 625	1.890 625	1.812 5	1.758 789	1.750 977	1.758 789	1.753 906
$f_2 < f_1$	—	✓	✓	—	—	✓	✓	—	—

第 9 次迭代后 $f_2 > f_1$,并且 $|h| < \varepsilon$,所以 $x^* \approx 0.531\ 25, f(x^*) \approx 1.750\ 977$.

该问题精确解为 $x^* = 0.5, f(x^*) = 1.75$,误差为 6.25%.

由上例可以看出,成功—失败法的优点是起步简单;其缺点是不易识别最优解,而且在最优解附近收敛慢.

7.3　区间收缩法

引理 7.1　设 f 是区间 $[a,b]$ 上的下单峰函数，$x^{(1)}$，$x^{(2)} \in [a,b]$，且 $x^{(1)} < x^{(2)}$. 如果 $f(x^{(1)}) > f(x^{(2)})$，则对每一个 $x \in [a, x^{(1)}]$，有 $f(x) > f(x^{(2)})$；如果 $f(x^{(1)}) \leqslant f(x^{(2)})$，则对每一个 $x \in [x^{(2)}, b]$，有 $f(x) > f(x^{(1)})$.

定理 7.1　设 f 是区间 $[a,b]$ 上的下单峰函数，$x^{(1)}$，$x^{(2)} \in [a,b]$，且 $x^{(1)} < x^{(2)}$.

(1) 若 $f(x^{(1)}) \leqslant f(x^{(2)})$，则 $[a, x^{(2)}]$ 是 f 的下单峰区间；

(2) 若 $f(x^{(1)}) \geqslant f(x^{(2)})$，则 $[x^{(1)}, b]$ 是 f 的下单峰区间.

其中，(1) 情形如图 7.3(a)(b) 所示，(2) 情形如图 7.3(c)(d) 所示.

根据定理 7.1，通过计算区间 $[a,b]$ 内两个不同点处的函数值，就能确定一个包含极小点的子区间，缩小搜索区间.

试探法的寻优途径不是直接找出最优点，而是不断缩小最优点所处区域，保证试点逼近 x^*，直到符合精度为止，可以取最后的搜索点作为最优解的近似值.

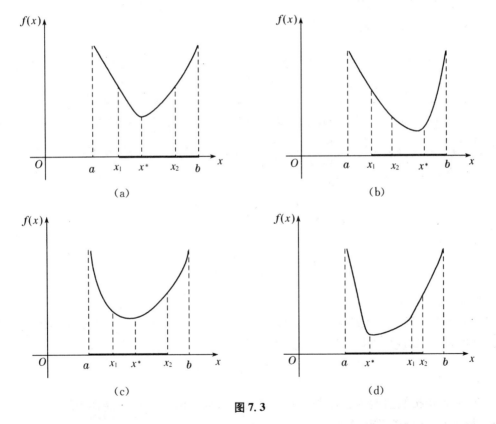

图 7.3

原区间长 L 与缩短后的新区间长 L' 之比，称为区间的相对精度，记作 η. 显见，$\eta = \dfrac{L'}{L}$，$0 < \eta < 1$，相对精度 η 反映了计算精度，且与试算次数有关. 有时需要确定区间缩小的绝对精度，记作 δ，要求 $L' \leqslant \delta$.

绝对精度和相对精度之间存在如下关系：

$$\delta = \eta \times L$$

斐波那契法、黄金分割法和二分法等基本思想都是通过取试探点并进行函数值比较，然后不断缩小搜索区间，当区间长度缩到一定程度后，区间内各点均可作为近似解。这类方法适用于单峰函数，仅需计算函数值，十分简便，尤其适合非光滑及导数表达式复杂或写不出的情形。

二分法是求 $f'(x)=0$ 的根，每次将区间对分，再利用连续函数的零点定理，确定应该保留的半区间，区间收缩率为常数，因此它也具有线性收敛速度。但当 $f'(x)=0$ 的表达式很难求，或 $f(x)$ 不可微时，方法的应用遇到困难。

7.3.1 斐波那契法

定义 7.4 设有数列 $\{F_k\}$，满足条件：

① $F_0 = F_1 = 1$；② $F_{k+1} = F_k + F_{k-1}(k=1,2,\cdots)$，则称 $\{F_k\}$ 为 Fibonacci 数列。F_n 称为第 n 个 Fibonacci 数，称相邻两个 Fibonacci 数之比 $\frac{F_{n-1}}{F_n}$ 为 Fibonacci 分数。

Fibonacci 数列如表 7.2 所示。

表 7.2

n	0	1	2	3	4	5	6	7	8	9	10	11	12
F_n	1	1	2	3	5	8	13	21	34	55	89	144	233

当用 Fibonacci 法以 n 个探索点来缩短某一区间时，区间长度的第一次缩短率为 $\frac{F_{n-1}}{F_n}$，其后各次分别为 $\frac{F_{n-1}}{F_n}, \frac{F_{n-3}}{F_{n-2}}, \cdots, \frac{F_1}{F_2}$。由此，若 t_1 和 $t_1'(t_1 < t_1')$ 是下单峰区间 $[a,b]$ 中第 1 个和第 2 个探索点的话，那么应有比例关系：

$$\frac{t_1'-a}{b-a} = \frac{F_{n-1}'}{F_n}, \frac{t_1-a}{b-a} = \frac{F_{n-2}}{F_n}$$

从而：

$$t_1' = a + \frac{F_{n-1}}{F_n}(b-a), t_1 = a + \frac{F_{n-2}}{F_n}(b-a)$$

它们关于 $[a,b]$ 确是对称的点（见图 7.4）。

如果要求经过一系列探索点搜索之后，使最后的探索点和最优解之间的距离不超过精度 $\delta > 0$，这就要求最后区间的长度不超过 δ，即：

$$\frac{b-a}{F_n} \leqslant \delta$$

据此，我们应按照预先给定的精度 δ，确定使上式成立的最小整数 n 作为搜索次数，直到进行到第 n 个探索点时停止。

用上述不断缩短函数 $f(t)$ 的单峰区间 $[a,b]$ 的办法，来求得的近似解，是 Kiefer（1953 年）提出的，叫作 Fibonacci 法。具体步骤如下：

(1) 选取初始数据，确定下单峰区间 $[a_0,b_0]$，给出搜索精度 $\delta > 0$，确定搜索次数 n。

（2）$k=1$，计算最初两个搜索点，计算 t_1 和 t_1'.

（3）while $k<n-1$

$$f_k=f(t_k), f_k'=f(t_k')$$
$$\text{if}\quad f_k<f_k'$$

$$a_k=a_{k-1}; b_k=t_k'; t_k'=t_k; t_k=b_{k-1}+\frac{F(n-1-k)}{F(n-k)}(a_{k-1}-b_{k-1})$$

else

$$b_k=b_{k-1}; a_k=t_k; t_k=t_k'; t_k'=a_{k-1}+\frac{F(n-1-k)}{F(n-k)}(b_{k-1}-a_{k-1})$$

end

$$k=k+1$$

end

（4）当进行至 $k=n-1$ 时，

$$t_{n-1}=t_{n-1}'=\frac{F_1}{F_2}(b_{n-2}-a_{n-2})=\frac{1}{2}(b_{n-2}-a_{n-2})$$

这就无法借比较函数值 $f(t_{n-1})$ 和 $f(t_{n-1}')$ 的大小确定最终区间，为此，取：

$$\begin{cases} t_{n-1}=\dfrac{1}{2}(b_{n-2}-a_{n-2}) \\ t_{n-1}'=a+\left(\dfrac{1}{2}+\varepsilon\right)(b_{n-2}-a_{n-2}) \end{cases}$$

其中，ε 为任意小的数. 在 t_{n-1} 和 t_{n-1}' 这两点中，以函数值较小者为近似极小点，相应的函数值为近似极小值，并得最终区间 $[a_{n-2}, t_{n-1}]$ 或 $[t_{n-1}', b_{n-2}]$.

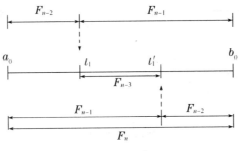

图 7.4

由上述分析可知，Fibonacci 法使用对称搜索的方法，逐步缩短所考察的区间，它能以尽量少的函数求值次数，达到预定的某一缩短率.

例 7.2　试用 Fibonacci 法求函数 $f(x)=x^2-x+2$ 的近似极小点，要求缩短后的区间不大于区间 $[-1,3]$ 的 0.08 倍.

解：由 $F_n>1/\eta=1\div0.08=12.5 \Rightarrow n=6$，
$a_0=-1, b_0=3$；
$t_1=b_0+\dfrac{F_5}{F_6}(a_0-b_0)=0.538$，

$$t_1' = a_0 + \frac{F_5}{F_6}(b_0 - a_0) = 1.462,$$

因 $f(t_1) = 1.751 < f(t_1') = 2.675$,

故 $a_1 = a_0 = -1, b_1 = t_1' = 1.462$,

$$t_2 = b_1 + \frac{F_4}{F_5}(a_1 - b_1) = -0.077, t_2' = t_1 = 0.538;$$

因 $f(t_2) = 2.083 > f(t_2') = 1.751$,

故 $a_2 = t_2 = -0.077, b_2 = b_1 = 1.462$,

$$t_3 = t_2' = 0.538, t_3' = a_2 + \frac{F_3}{F_4}(b_2 - a_2) = 0.846;$$

因 $f(t_3) = 1.751 < f(t_3') = 1.870$,

故 $a_3 = a_2 = -0.077, b_3 = t_3' = 0.846$,

$$t_4 = b_3 + \frac{F_2}{F_3}(a_3 - b_3) = 0.231, t_4' = t_3 = 0.538;$$

因 $f(t_4) = 1.822 > f(t_4') = 1.751$,

故 $a_4 = t_4 = 0.231, b_4 = b_3 = 0.846$,

$$t_5 = t_4' = 0.538, t_5' = a_4 + \left(\frac{1}{2} + \varepsilon\right)(b_4 - a_4) = 0.545;$$

因 $f(t_5) = 1.751 < f(t_5') = 1.752, \varepsilon = 0.01$;

故 $a_5 = 0.231, b_5 = 0.545$;

$b_5 - a_5 = 0.545 - 0.231 = 0.314$, 过程如图 7.5 所示.

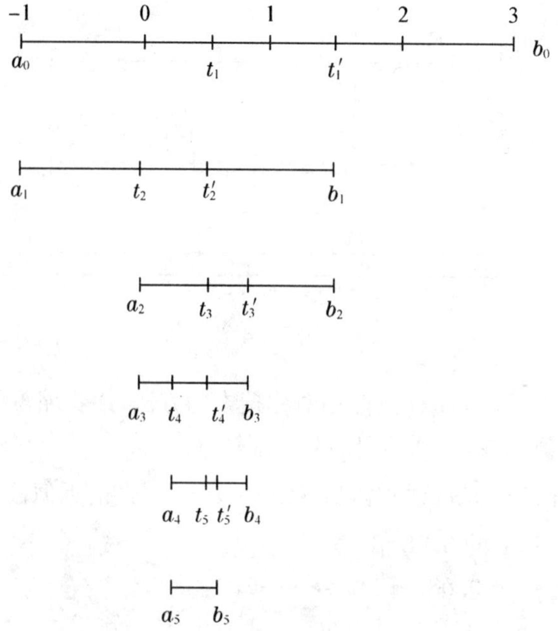

图 7.5

缩短率: $0.314 \div 4 = 0.078 < 0.08$.

所以近似极小值为 1.751, 极小值点 $x^* \approx 0.538$, 误差为 7.6%.

7.3.2 黄金分割法

用不变的区间缩短率黄金分割率 φ 代替斐波那契法每次不同的缩短率, 就得到了黄金分割法. 这个方法可以看成是斐波那契法的近似, 实现起来比较容易, 效果也相当好, 因而易于为人们所接受.

黄金分割法是一种等速对称进行试探的方法, 每次的探索点均取在区间长度的 φ 倍和 $1-\varphi$ 倍处.

在将黄金分割法用于一维搜索时, 在区间内取两对称点 λ_1, λ_1' 作为两个探索点, 并满足:

$$\varphi = \frac{\lambda_1'}{L} = \frac{\lambda_1}{\lambda_1'} = \frac{L-\lambda_1'}{\lambda_1'}$$

$$\lambda_1 = a + (1-\varphi)(b-a), \quad \lambda_1' = a + \varphi(b-a)$$

在计算中常取 φ 的近似值 0.618 来代替 φ, 即所谓的近似黄金分割法, 也叫 0.618 法.

$$\lambda_1 = a + 0.382(b-a), \quad \lambda_1' = a + 0.618(b-a)$$

显然, 经一次分割后, 所保留的极值存在的区间要么是 $[a, \lambda_1']$, 要么是 $[\lambda_1, b]$, 其长度为:

$$b_1 - a_1 = \varphi(b_0 - a_0) = 0.618(b_0 - a_0)$$

用黄金分割法求解, 每作一轮迭代以后, 原下单峰区间要缩短 0.618 倍. 黄金分割法是一种等速对称进行试探的方法, 每次的探索点均取在区间长度的 0.618 倍和 0.382 倍处 (见图 7.6). 计算 $n+1$ 个探索点的函数值可以把原区间 $[a_0, b_0]$ 连续缩短 n 次, 因为每次的缩短率均为 φ, 而经 n 次分割后, 所保留的区间其长度为:

$$(b_n - a_n) = 0.618^n(b_0 - a_0)$$

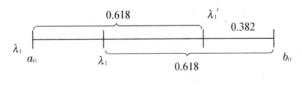

图 7.6

这就是说, 当已知缩短的相对精度为 η 时, 可用下式计算区间缩短次数 n:

$$\varphi^n \leqslant \eta$$

当然, 也可以不预先计算 n, 而在计算过程中逐次加以判断, 看是否已满足了提出的精度要求. 但相对精度 $\eta = \varphi^n$, 由于 φ 是一个近似值, 每次分割必定带来一定的舍入误差. 因此, 分割次数太多时, 计算会失真. 经验表明, 黄金分割的次数 n 应限制在 11 以内.

上述思路就是求解一维优化问题的黄金分割法,计算步骤为:

(1) 置初始区间 $[a_0,b_0]$ 及精度要求 $\delta>0$,计算试探点 λ_1 和 λ_1',计算函数值 $f(\lambda_1)$ 和 $f(\lambda_1')$.计算公式:

$$\lambda_1=a_1+0.382(b_1-a_1) \quad \lambda_1'=a_1+0.618(b_1-a_1)$$

令 $k=1$.

(2) 若 $b_k-a_k<\delta$,则停止计算.否则,当 $f(\lambda_k)>f(\lambda_k')$ 时,转步骤(3);当 $f(\lambda_k)\leqslant f(\lambda_k')$ 时,转步骤(4).

(3) 置 $a_{k+1}=\lambda_k,b_{k+1}=b_k,\lambda_{k+1}=\lambda_k'$,

$$\lambda_{k+1}'=a_{k+1}+0.618(b_{k+1}-a_{k+1})$$

计算函数值 $f(\lambda_{k+1}')$,转步骤(5).

(4) 置 $a_{k+1}=a_k,b_{k+1}=\lambda_k',\lambda_{k+1}'=\lambda_k$,

$$\lambda_{k+1}=a_{k+1}+0.382(b_{k+1}-a_{k+1})$$

计算函数值 $f(\lambda_{k+1})$,转步骤(5).

(5) 置 $k:=k+1$,返回步骤(2).

例 7.3 试用黄金分割法求函数 $f(x)=x^2-x+2$ 的近似极小点,要求缩短后的区间不大于区间 $[-1,3]$ 的 0.08 倍.

解:令 $a_0=-1,b_0=3,\eta=0.08$,计算得:

$\lambda_1=-1+0.382\times(3-(-1))=0.528,\lambda_1'=-1+0.618\times(3-(-1))=1.472$

$f_1=f(0.528)=1.751,f_1'=f(1.472)=2.695$

$\varphi>\eta,f_1<f_1'$,所以最优点应该在 $[a_0,\lambda_1']$:

$a_1=-1,b_1=1.472,\lambda_2'=0.528,\lambda_2=-1+0.382\times(1.472-(-1))=-0.056$

$f_2=f(-0.056)=2.059,f_2'=f(0.528)=1.751$

$\varphi^2>\eta,f_2>f_2'$,所以最优点应该在 $[\lambda_2,b_1]$:

$a_2=-0.056,b_2=1.472,\lambda_3=0.528,\lambda_3'=0.888$

$f_3=f(0.528)=1.751,f_3'=f(0.888)=1.901$

$\varphi^3>\eta,f_3<f_3'$,所以最优点应该在 $[a_2,\lambda_3']$:

$a_3=-0.056,b_3=0.888,\lambda_4'=0.528,\lambda_4=0.305$

$f_4=f(0.305)=1.788,f_4'=f(0.528)=1.751$

$\varphi^4>\eta,f_4>f_4'$,所以最优点应该在 $[\lambda_4,b_3]$:

$a_4=0.305,b_4=0.888,\lambda_5=0.528,\lambda_5'=0.665$

$f_5=f(0.528)=1.751,f_5'=f(0.665)=1.777$

$\varphi^5>\eta,f_5<f_5'$,所以最优点应该在 $[a_4,\lambda_5']$:

$a_5=0.305,b_5=0.665,\lambda_6'=0.528,\lambda_6=0.443$

$f_6=f(0.443)=1.753,f_6'=f(0.528)=1.751$

$\varphi^6<\eta,f_6>f_6',x^*\approx0.528$

7.3.3　斐波那契法与黄金分割法的关系

(1) 0.618 法可作为 Fibonacci 法极限形式：

$$\lim_{n \to \infty} \frac{F_{n-1}}{F_n} \approx 0.618$$

证明：令 $F_k = r^k$，将其带入差分方程 $F_{k+1} = F_k + F_{k-1}$，得：

$$r^2 - r - 1 = 0$$

解之得

$$r_1 = \frac{1+\sqrt{5}}{2}; r_2 = \frac{1-\sqrt{5}}{2}$$

因而差分方程的通解为：$F_k = A r_1^k + B r_2^k$. 再利用边界条件 $F_0 = F_1 = 1$，得：

$$\begin{cases} A + B = 1 \\ A\left(\dfrac{1+\sqrt{5}}{2}\right) + B\left(\dfrac{1-\sqrt{5}}{2}\right) = 1 \end{cases}$$

解得

$$A = \frac{1}{\sqrt{5}} \cdot \frac{1+\sqrt{5}}{2}; B = \frac{1}{\sqrt{5}} \cdot \frac{1-\sqrt{5}}{2}$$

故有

$$F_k = \frac{1}{\sqrt{5}} \left\{ \left(\frac{1+\sqrt{5}}{2}\right)^{k+1} - \left(\frac{1-\sqrt{5}}{2}\right)^{k+1} \right\}$$

由此立即可得 $\lim\limits_{k \to \infty} \dfrac{F_{k-1}}{F_k} = \dfrac{\sqrt{5}-1}{2} = \tau$.

(2) Fibonacci 法精度高于 0.618 法. 在计算函数值次数相同条件下，使用 0.618 法的最终区间大约比使用 Fibonacci 法长 17%.

(3) Fibonacci 法缺点是要事先知道计算函数值次数. 0.618 法不需要事先知道计算次数，且收敛速率与 Fibonacci 法比较接近. 在解决实际问题时，一般采用 0.618 法.

Fibonacci 法与 0.618 法的主要区别：

(1) 区间长度缩短比率不是常数，而是由 Fibonacci 数确定.

(2) 需要事先知道计算函数值的次数.

7.4　插值法

7.4.1　切线法(一点二次插值法)

在极小点附近用二阶 Taylor 多项式近似目标函数 $f(x)$，进而求出极小点的估计值.

考虑问题：

$$\min f(x), x \in R$$

令 $\varphi(x) = f(x^{(k)}) + f'(x^{(k)})(x - x^{(k)}) + \frac{1}{2} f''(x^{(k)})(x - x^{(k)})^2$

又令 $\varphi'(x) = f'(x^{(k)}) + f''(x^{(k)})(x - x^{(k)}) = 0$

得到 $\varphi(x)$ 的驻点,记作 $x^{(k+1)}$,则:

$$x^{(k+1)} = x^{(k)} - \frac{f'(x^{(k)})}{f''(x^{(k)})}$$

在点 $x^{(k)}$ 附近,$f(x) \approx \varphi(x)$,因此可用函数 $\varphi(x)$ 的极小点作为目标函数 $f(x)$ 极小点的估计.

如果 $x^{(k)}$ 是 $f(x)$ 极小点的一个估计,那么利用迭代公式可以得到极小点的一个进一步的估计,从而形成一个序列 $\{x^{(k)}\}$.可以证明,在一定条件下,这个序列收敛于问题原的最优解,而且是 2 级收敛.

上述迭代公式成为一维 Newton 公式,因此切线法也可称为一维 Newton 法.而切线法则来源于另一种解释,$f'(x) = 0$ 的求解用迭代点处的切线方程:

$$y - f'(x^k) = f''(x^k)(x - x^k)$$

与横轴的交点的横坐标 $x^{(k+1)} = x^{(k)} - \dfrac{f'(x^{(k)})}{f''(x^{(k)})}$ 作为新近似根(见图 7.7).

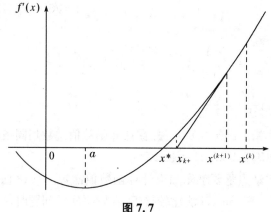

图 7.7

其计算步骤为:

(1) 给定初点 $x^{(0)}$,允许误差 $\varepsilon > 0$,置 $k = 0$.

(2) 若 $|f'(x^{(k)})| < \varepsilon$,则停止迭代,得到点 $x^{(k)}$.

(3) 计算点 $x^{(k+1)}$,$x^{(k+1)} = x^{(k)} - \dfrac{f'(x^{(k)})}{f''(x^{(k)})}$,置 $k = k+1$,转步骤(2).

运用切线法时,如果初始点靠近极小点,则可能很快收敛;如果远离极小点,迭代产生的点列可能不收敛于极小点.

例 7.4 用切线法求 $f(x) = \displaystyle\int_0^x \arctan t \, dt$ 的极小点,$\varepsilon = 0.002$。

解:$f'(x) = \arctan x$,$f''(x) = \dfrac{1}{(1+x^2)}$

确定迭代公式:$x_{k+1} = x_k - (1+x_k^2)\arctan x_k$

取 $x_0 = 1$,计算结果:

k	x_k	$f'(x)$	$f''(x)$
0	1	0.785 4	0.5
1	−0.570 8	−0.518 7	7.542 6
2	0.116 9	0.116 3	0.986 6
3	−0.001 1	−0.001 1	0.999 9

$|f'(x_3)|<\varepsilon$，所以 $x^*\approx x_3$. 理论上的最优解 $x^*=0$.

在此例中，如果取 $x_0=2,x_1=-3.535\ 7,x_2=13.951\ 0,\cdots$，此时 $\{x_k\}$ 不收敛于极小点.

7.4.2　割线法（二点二次插值法）

如图 7.8 所示，割线法是用割线逼近目标函数的导函数的曲线 $y=f'(x)$，把割线的零点作为目标函数的驻点的估计.

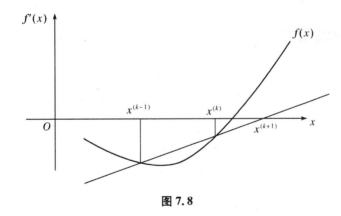

图 7.8

迭代公式为：

$$x^{(k+1)}=x^{(k)}-\frac{x^{(k)}-x^{(k-1)}}{f'(x^{(k)})-f'(x^{(k-1)})}f'(x^{(k)})$$

得到序列 $\{x^{(k)}\}$. 可以证明，在一定的条件下，这个序列收敛于解（收敛级为 1.618）.

割线法与切线法相比，收敛速率较慢，但不需要计算二阶导数. 缺点与牛顿法类似，都不具有全局收敛性，如果初点选择得不好，可能不收敛.

7.4.3　抛物线法（三点二次插值法）

在极小点附近，用二次三项式逼近目标函数 $f(x)$. $f(x)$ 为下单峰函数，在其搜索区间上取三点 x_1,x_2,x_3，且有 $x_1<x_2<x_3$，其极小点为 $x^*\in[x_1,x_3]$. 令 $f_i=f(x_i)$，$(i=1,2,3)$，构造抛物线 $\varphi(x)=a_0+a_1x+a_2x^2$，使其满足 $\varphi(x_i)=f_i$，$(i=1,2,3)$，如此，$\varphi(x)$ 就作为 $f(x)$ 的一条拟合曲线（见图 7.9）.

抛物线法的计算步骤为：

（1）取 $x_1<x_2<x_3$，构造 $\varphi(x)$；

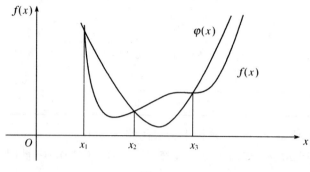

图 7.9

(2) 求 $\varphi(x)$ 的极小点 $\tilde{x}$;

(3) 按选点规则,取新三点构造 $\varphi(x)$,转向(2);

(4) 当 $\left|\tilde{x}^{(k+1)} - \tilde{x}^{(k)}\right| \leqslant \delta$,迭代停止. 取 $\tilde{x}^{(k+1)}$,$\tilde{x}^{(k)}$ 中使 $f(x)$ 较小者为 x^*.

下面详述步骤(2)(3).

1. $\tilde{x}$ 的求解方法

求 $\varphi(x)$ 的驻点 $\varphi'(x) = a_1 + 2a_2 x = 0$,可解出: $\tilde{x} = -\dfrac{a_1}{2a_2}$,

所以,对 $\tilde{x}$ 的求解就转化成了确定拟合抛物线的参数. 列出方程组:

$$\begin{cases} a_0 + a_1 x_1 + a_2 x_1^2 = f_1 \\ a_0 + a_1 x_2 + a_2 x_2^2 = f_2 \\ a_0 + a_1 x_3 + a_2 x_3^2 = f_3 \end{cases}$$

将第一式减去第二式、第二式减去第三式,得 $\begin{cases} a_1(x_1 - x_2) + a_2(x_1^2 - x_2^2) = f_1 - f_2 \\ a_1(x_2 - x_3) + a_2(x_2^2 - x_3^2) = f_2 - f_3 \end{cases}$,

利用克莱姆(Gramer)法则可知 $a_1 = \dfrac{D_1}{D}$, $a_2 = \dfrac{D_2}{D}$,其中:

$$D = \begin{vmatrix} x_1 - x_2 & x_1^2 - x_2^2 \\ x_2 - x_3 & x_2^2 - x_3^2 \end{vmatrix} = (x_1 - x_2)(x_2 - x_3)(x_3 - x_1)$$

$$D_1 = \begin{vmatrix} f_1 - f_2 & x_1^2 - x_2^2 \\ f_2 - f_3 & x_2^2 - x_3^2 \end{vmatrix} = (x_2^2 - x_3^2)f_1 + (x_3^2 - x_1^2)f_2 + (x_1^2 - x_2^2)f_3$$

$$D_2 = \begin{vmatrix} x_1 - x_2 & f_1 - f_2 \\ x_2 - x_3 & f_2 - f_3 \end{vmatrix} = -\left[(x_2 - x_3)f_1 + (x_3 - x_1)f_2 + (x_1 - x_2)f_3\right]$$

将 a_1, a_2 代入 $\tilde{x}$,得:

$$\tilde{x} = \frac{1}{2} \frac{(x_2^2 - x_3^2)f_1 + (x_3^2 - x_1^2)f_2 + (x_1^2 - x_2^2)f_3}{(x_2 - x_3)f_1 + (x_3 - x_1)f_2 + (x_1 - x_2)f_3}$$

2. 二次插值法的选点规则

在每次所考察的区间上,选择的三点 x_1, x_2, x_3,需要满足 $f_1 \geqslant f_2 \leqslant f_3$,以保证 $\tilde{x} \in$

$[x_1,x_3]$.

(1) 如果 $\tilde{x}=x_2$，$f(\tilde{x})=f_2=\varphi(x_2)$，令 $x=\dfrac{x_1+x_2}{2}$：

① $f\left(\dfrac{x_1+x_2}{2}\right)>f(x_2)$，取 $x_1=\dfrac{x_1+x_2}{2}$；

② $f\left(\dfrac{x_1+x_2}{2}\right)<f(x_2)$，取 $x_3=x_2,x_2=\dfrac{x_1+x_2}{2}$.

同理，取 $x_4\in(x_2,x_3)$ 可做相仿讨论.

(2) 当 $\tilde{x}\in(x_2,x_3)$ 时：

① $f(\tilde{x})<f(x_2)$，$x^*\in(x_2,x_3)$，取 $x_1=x_2,x_2=\tilde{x}$；

② $f(\tilde{x})>f(x_2)$，$x^*\in(x_1,\tilde{x})$，取 $x_3=\tilde{x}$.

(3) 当 $\tilde{x}\in(x_1,x_2)$ 时：

① $f(\tilde{x})<f(x_2)$，$x^*\in(x_1,x_2)$，取 $x_3=x_2,x_2=\tilde{x}$；

② $f(\tilde{x})>f(x_2)$，$x^*\in(\tilde{x},x_3)$，取 $x_1=\tilde{x}$.

例 7.5　求 $f(x)=e^x-5x$ 在 $[1,2]$ 上的 x^*，已知精度 $\delta=0.001$.

解：易证 $f(x)$ 是 $[1,2]$ 上的下单峰函数.

计算表如表 7.3 所示.

表 7.3

k	x_1	x_2	x_3	$f(x_1)$	$f(x_2)$	$f(x_3)$	$\tilde{x}^{(k)}$	$f(\tilde{x}^{(k)})$	$\tilde{x}^{(k)}-\tilde{x}^{(k-1)}$
1	1.000 0	1.500 0	2.000 0	−2.281 72	−3.018 31	−2.610 94	1.571 95	−3.043 72	—
2	1.500 0	1.571 9	2.000 0	−3.018 31	−3.043 72	−2.610 94	1.600 69	−3.047 00	0.028 7
3	1.571 9	1.600 7	2.000 0	−3.043 72	−3.047 00	−2.610 94	1.606 57	−3.047 17	0.005 9
4	1.600 7	1.606 6	2.000 0	−3.047 00	−3.047 17	−2.610 94	1.608 71	−3.047 19	0.002 1
5	1.606 6	1.608 71	2.000 0	−3.047 17	−3.047 19	−2.610 94	1.609 21	−3.047 19	0.000 5

$$\left|\tilde{x}^{(5)}-\tilde{x}^{(4)}\right|\leqslant\delta$$

因 $f(\tilde{x}^{(5)})=f(\tilde{x}^{(4)})$，故可取 $x^*\approx\tilde{x}^{(5)}$ 或 $\tilde{x}^{(4)}$.

习　题

7.1　用成功失败法、Fibonacci 法与 0.618 法求解下列函数的极值点.

(1) $\min f(X)=x^2-6x+2,[0,10]$，取 $\delta=0.03$

(2) $\max f(X)=\begin{cases}\dfrac{x}{2},x\leqslant2\\3-x,x>2\end{cases}$，$[0,3]$，取 $\delta=0.1$

7.2　分别用斐波那契法和黄金分割法求函数 $f(x)=3x^2-12x+10$ 的近似极小

点和极小值,要求缩短后的区间不大于初始区间$[1,4]$的0.05倍.

7.3 用牛顿法求解目标函数为$f(x)=\begin{cases}4x^3-3x^4 & x\geqslant 0\\ 4x^3+3x^4 & x<0\end{cases}$的极小值,初始点选择

$0.4,\varepsilon=0.008.$(可以再分析$x_0=0.6$的迭代情况)

7.4 用二次插值法求解$\min f(x)=x^3-2x+1$,取初始搜索区间为$[0,3]$,初始插值点为$x_1=0,x_2=1,x_3=3$,允许误差为0.002.

第8章 无约束优化

关键词

无约束优化(Unconstrained Optimization Methods)

最速下降法(Steepest-descent Method)

牛顿法(Newton's Method)

变尺度法(Variable Metric Method)

共轭方向法(Conjugate Direction Method)

共轭梯度法(Conjugate Gradient Method)

内容概述

实际问题中,无约束优化问题很少,多数是有约束条件的.但无约束结构优化是高级运筹学和优化理论中极其重要的内容,原因一是在实践中也有部分无约束优化问题,二是约束优化问题可以通过一系列无约束方法达到,无约束优化是约束优化问题的基础.

一般非线性无约束优化问题的求解,很难用解析方法求解,所以一般采用数值方法,构建下降迭代算法求解.根据构成搜索方向所使用的信息不同分为:间接法,需要利用目标函数的一阶或二阶导数,如最速下降法、牛顿法、共轭梯度法和变尺度法等;直接法,指直接利用目标函数求解,如步长加速法、方向加速法和单纯形替换法等.直接法一般只要求目标函数连续,但收敛速度比间接法要慢.

各种无约束优化方法的最大区别在于搜索方向的不同,这是无约束优化方法的关键.常用的有负梯度方向(如最速下降法)、牛顿方向(如牛顿法)和共轭方向(如共轭梯度法)等.

8.1 最速下降法

8.1.1 基本原理

假设无约束极值问题的目标函数 $f(X)$ 有一阶连续偏导数,且具有极小点 X^*;以

$X^{(k)}$表示极小点的第 k 次近似,为了求其第 $k+1$ 次近似点 $X^{(k+1)}$,在 $X^{(k)}$ 点沿方向 $P^{(k)}$ 做射线 $X=X^{(k)}+\lambda P^{(k)}$,在此 λ 称为步长并且 $\lambda \geqslant 0$. 现将 $f(X)$ 在 $X^{(k)}$ 处做泰勒展开,有:

$$f(X)=f(X^{(k)}+\lambda P^{(k)})=f(X^{(k)})+\lambda \nabla f(X^{(k)})^{\mathrm{T}}P^{(k)}+o(\lambda)$$

其中,$o(\lambda)$ 是 λ 的高阶无穷小. 对于充分小的 λ,只要 $\nabla f(X^{(k)})^{\mathrm{T}}P^{(k)}<0$,就可使 $f(X)=f(X^{(k)}+\lambda P^{(k)})<f(X^{(k)})$. 此时,若取 $X^{(k+1)}=X^{(k)}+\lambda P^{(k)}$ 可以使目标函数得到改善.

现在考察不同的方向 $P^{(k)}$,假设 $P^{(k)}$ 的模一定且不为零,且 $\nabla f(X^{(k)})\neq 0$.

由于 $\nabla f(X^{(k)})^{\mathrm{T}}P^{(k)}=\|\nabla f(X^{(k)})\| \cdot \|P^{(k)}\| \cos\theta$,当 $P^{(k)}$ 与 $\nabla f(X^{(k)})$ 反向(即 $\cos 180°=-1$)时,$\nabla f(X^{(k)})^{\mathrm{T}}P^{(k)}$ 取最小值. $P^{(k)}=-\nabla f(X^{(k)})$ 被称为负梯度方向,在 $X^{(k)}$ 的某一小的邻域内,负梯度方向是使函数值下降最快的方向.

为了得到下一个近似点,在选定搜索方向之后,还要确定步长 λ. 如第六章所述,λ 可以采用可接受步长,在负梯度方向上,满足该不等式的 λ 总是存在的. 所以用试探的方法选取使得 $f(X^{(k+1)})=f(X^{(k)}+\lambda P^{(k)})<f(X^{(k)})$ 的 λ 值,不满足的话再缩小取值.

另一种方法是采取最佳步长,最佳步长和负梯度方向共同构造的梯度法就是所谓的最速下降法. 最速下降法是一个求解极值问题的古老算法,1847 年由 Cauchy 提出. 后来,Curry 等人做了进一步研究.

最佳步长可以用三种方法来确定:

(1) 微分法. 分析关于 λ 的一维极值问题 $\min\limits_{\lambda} f(X^{(k+1)})=\min\limits_{\lambda} f[X^{(k)}+\lambda P^{(k)}]$,令 $\dfrac{\mathrm{d}f}{\mathrm{d}\lambda}=0$,求出 λ_k.

(2) 迭代法. 通过一维搜索方法求解 $\min\limits_{\lambda} f[X^{(k)}+\lambda P^{(k)}]$,此种方式求得的是近似最优步长.

(3) 展开法. 若 $f(X)$ 二阶连续可导,进行二阶 Taylor 展开:

$$f(X^{(k)}+\lambda P^{(k)})\approx f(X^{(k)})+\nabla f(X^{(k)})^{\mathrm{T}}\lambda P^{(k)}+\frac{1}{2}(\lambda P^{(k)})^{\mathrm{T}}H(X^{(k)})(\lambda P^{(k)})$$

令 $\dfrac{\mathrm{d}f}{\mathrm{d}\lambda}\approx \nabla f(X^{(k)})^{\mathrm{T}}P^{(k)}+(\lambda P^{(k)})^{\mathrm{T}}H(X^{(k)})P^{(k)}=0$,设 $H(X^{(k)})$ 正定,得到近似最优步长 $\lambda_k=\dfrac{-\nabla f(X^{(k)})^{\mathrm{T}}P^{(k)}}{P^{(k)\mathrm{T}}H(X^{(k)})P^{(k)}}$,若 $f(X)$ 是二次函数,则其海塞矩阵为常矩阵,按此方法得出的步长是真正的最佳步长.

以上步长的确定方法在其他的方向选择方法中也可以应用. 对于最速下降法,将搜索方向替换为负梯度方向,则:

$$\lambda_k=\frac{-\nabla f(X^{(k)})^{\mathrm{T}}P^{(k)}}{P^{(k)\mathrm{T}}H(X^{(k)})P^{(k)}}=\frac{\|\nabla f(X^{(k)})\|^2}{\nabla f(X^{(k)})^{\mathrm{T}}H(X^{(k)})\nabla f(X^{(k)})}$$

8.1.2　算法步骤

(1) 给定初点 $X^{(0)}$,允许误差 $\varepsilon>0$,置 $k=0$.

（2）若 $\| \nabla f(X^{(k)}) \|^2 \leqslant \varepsilon$，则 $X^{(k)}$ 即为近似极小点；若 $\| \nabla f(X^{(k)}) \|^2 > \varepsilon$，求步长 λ_k. 计算搜索方向 $d^{(k)} = -\nabla f(x^{(k)})$.

（3）令 $X^{(k+1)} = X^{(k)} - \lambda_k \nabla f(X^{(k)})$，$k := k+1$，转步骤（2）.

例 8.1 试用梯度法求 $f(X) = (x_1 - 1)^2 + (x_2 - 1)^2$ 的极小点，$\varepsilon = 0.1$.

解：取初始近似点 $X^{(0)} = (0, 0)^{\mathrm{T}}$，$\nabla f(X^{(0)}) = (-2, -2)^{\mathrm{T}}$

$$\| \nabla f(X^{(0)}) \|^2 = [\sqrt{(-2)^2 + (-2)^2}]^2 = 8 > \varepsilon$$

$$H(X) = \begin{bmatrix} 2 & 0 \\ 0 & 2 \end{bmatrix}$$

$$\lambda_0 = \frac{\| \nabla f(X^{(0)}) \|^2}{\nabla f(X^{(0)})^{\mathrm{T}} H(X^{(0)}) \nabla f(X^{(0)})} = \frac{(-2, -2)\begin{bmatrix} -2 \\ -2 \end{bmatrix}}{(-2, -2)\begin{bmatrix} 2 & 0 \\ 0 & 2 \end{bmatrix}\begin{bmatrix} -2 \\ -2 \end{bmatrix}} = \frac{8}{16} = \frac{1}{2}$$

$$X^{(1)} = X^{(0)} - \lambda_0 \nabla f(X^{(0)}) = \begin{bmatrix} 0 \\ 0 \end{bmatrix} - \frac{1}{2}\begin{bmatrix} -2 \\ -2 \end{bmatrix} = \begin{bmatrix} 1 \\ 1 \end{bmatrix}$$

$$\| \nabla f(X^{(1)}) \|^2 = [\sqrt{(0)^2 + (0)^2}]^2 = 0 < \varepsilon$$

图 8.1 展示了该例的迭代过程，即从 $X^{(0)} = (0, 0)$ 经过负梯度方向一步到达极小点 $X^{(1)} = (1, 1)$. 事实上，对于等值线为圆的问题，不管初始近似点选在哪里，负梯度方向总是直接指向圆心，一次迭代即能达到最优. 但在其他一些情况下，迭代点列呈锯齿状趋于最优解，最速下降法实际下降速度并不快. 原因是最速下降算法中相邻两次迭代的搜索方向是正交的. 第 k 次迭代搜索方向为 $d^{(k)} = -\nabla f(x^{(k)})$，考虑 $\varphi(\lambda) = X^{(k)} + \lambda d^{(k)}$. 其最优步长因子 λ_k 应满足 $\varphi'(\lambda_k) = 0$，即 $\nabla f(X^{(k)} + \lambda_k d^{(k)})^{\mathrm{T}} d^{(k)}$

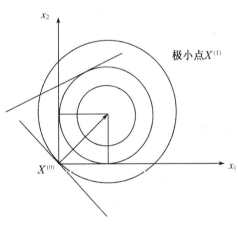

图 8.1

$= 0$，又由于 $X^{(k+1)} = X^{(k)} + \lambda_k d^{(k)}$，所以 $\nabla f(X^{(k+1)})^{\mathrm{T}} d^{(k)} = 0$. 而 $d^{(k+1)} = -\nabla f(X^{(k+1)})$ 就是下一轮的次迭代方向，故 $d^{(k+1) \mathrm{T}} d^{(k)} = 0$，所以相邻两次迭代的搜索方向是正交的.

从局部看，最速下降方向确是函数值下降最快的方向. 但从全局看，由于锯齿现象的影响，即使向着极小点移近不太大的距离，也要经历不小的弯路，使收敛速率大为减慢.

例 8.2 求解问题 $\min f(X) = 2x_1^2 + x_2^2$，初始点 $X^{(0)} = (1, 1)^{\mathrm{T}}$，$\varepsilon = 0.1$.

解：$\nabla f(x) = \begin{bmatrix} 4x_1 \\ 2x_2 \end{bmatrix}$

第 1 次迭代：$\nabla f(X^{(0)}) = \begin{bmatrix} 4 \\ 2 \end{bmatrix}$，搜索方向 $d^{(0)} = -\nabla f(X^{(0)})$，$\| d^{(1)} \| = \sqrt{16+4} = 2\sqrt{5} > \varepsilon.$

从 $X^{(0)}$ 出发，沿方向 $d^{(0)}$ 进行一维搜索，求步长 λ_0：

$$\min_{\lambda \geqslant 0} \phi(\lambda) = f(X^{(0)} + \lambda d^{(0)}) = 2(1-4\lambda)^2 + (1-2\lambda)^2$$

令 $\varphi'(\lambda) = 0$，解得 $\lambda_0 = 5/18$.

令 $X^{(0)} = X^{(0)} + \lambda_0 d^{(0)} = \begin{bmatrix} -1/9 \\ 4/9 \end{bmatrix}$.

第 2 次迭代：$d^{(1)} = -\nabla f(X^{(1)}) = \begin{bmatrix} 4/9 \\ -8/9 \end{bmatrix}$，$\| d^{(1)} \| = 4\sqrt{5}/5 > \varepsilon.$

求解 $\min\limits_{\lambda \geqslant 0} \phi(\lambda) = f(X^{(1)} + \lambda d^{(1)}) = \dfrac{2}{81}(1-4\lambda)^2 + \dfrac{16}{81}(1-2\lambda)^2$，

得 $\lambda_1 = 5/12$.

$$x^{(2)} = x^{(1)} + \lambda_1 d^{(1)} = \begin{bmatrix} 2/27 \\ 2/27 \end{bmatrix}$$

第 3 次迭代：$d^{(2)} = -\nabla f(X^{(2)}) = \begin{bmatrix} -8/27 \\ -4/27 \end{bmatrix}$

$\| d^{(2)} \| = 4\sqrt{5}/27 > \varepsilon$，继续求：

$$\min_{\lambda \geqslant 0} \phi(\lambda) = f(X^{(2)} + \lambda d^{(2)}) = \frac{8}{27^2}(1-4\lambda)^2 + \frac{4}{27^2}(1-2\lambda)^2$$

解得 $\lambda_2 = 5/18$，所以 $X^{(3)} = X^{(2)} + \lambda_2 d^{(2)} = \dfrac{2}{243}\begin{bmatrix} -1 \\ 4 \end{bmatrix}$.

此时，$\| d^{(3)} \| = \dfrac{8}{243}\sqrt{5} < \varepsilon$，得到近似极小点 $X^* = \dfrac{2}{243}\begin{bmatrix} -1 \\ 4 \end{bmatrix}$，显然原问题最优解为 $(0,0)^{\mathrm{T}}$.

8.1.3 算法分析

例 8.2 中，可继续迭代提高精度，但其目标函数等值线为同心椭圆，采用最速下降法其搜索路径呈直角锯齿状，最初几步函数值变化显著，但是越接近最优点，收敛的速度越不够理想. 因此，最速下降法经常与其他方法联合使用，在前期使用最速下降法，而在接近最优点时使用其他方法.

最速下降算法在一定条件下是收敛的，算法产生的序列是线性收敛的，而且收敛性质与极小点处 Hesse 矩阵 $H(X)$ 的特征值有关.

定理 8.1 设 $f(X)$ 存在连续二阶偏导数，X^* 是局部极小点，Hesse 矩阵 $H(X)$ 的最小特征值 $a > 0$，最大特征值为 A，算法产生的序列 $\{X^{(k)}\}$ 收敛于点 X^*，则目标函数值的序列 $\{f(X^{(k)})\}$ 以不大于 $\left(\dfrac{A-a}{A+a}\right)^2$ 的收敛比线性地收敛于 $f(X^*)$.

8.2　牛顿法

8.2.1　基本原理

为寻找收敛速度较快的无约束最优化方法,可以考虑对目标函数的高阶近似. Newton 法就是从函数的二次近似出发而形成的,是 Newton 切线法在多维空间中的推广.

若非线性目标函数 $f(X)$ 具有二阶连续偏导,在 $X^{(k)}$ 点取 $f(X)$ 的二阶泰勒展开:

$$f(X) \approx f(X^{(k)}) + \nabla f(X^{(k)})^{\mathrm{T}}(X - X^{(k)}) + \frac{1}{2}(X - X^{(k)})^{\mathrm{T}} H(X^{(k)})(X - X^{(k)})$$

梯度为:

$$\nabla f(X) \approx \nabla f(X^{(k)}) + H(X^{(k)})(X - X^{(k)})$$

近似函数的极小点应满足: $\nabla f(X^{(k)}) + H(X^{(k)})(X - X^{(k)}) = 0$,若其海塞矩阵可逆,得到 $X = X^{(k)} - H(X^{(k)})^{-1}\nabla f(X^{(k)})$,根据此式就形成了牛顿法的迭代公式:

$$X^{(k+1)} = X^{(k)} + \lambda_k D(X^{(k)})$$

其中,$\lambda_k \equiv 1, D^{(k)} = -H(X^{(k)})^{-1}\nabla f(X^{(k)})$,$D^{(k)}$ 为 $X^{(k)}$ 处的牛顿方向. 按照这种方式求函数 $f(X)$ 极小点的方法称为牛顿法,当 $f(X)$ 的二阶导数及其海赛矩阵的逆矩阵便于计算时,这一方法非常有效.

例 8.3　试用牛顿法求 $f(X) = \frac{3}{2}x_1^2 + \frac{1}{2}x_2^2 - x_1 x_2 - 2x_1$ 的极小值,取 $X^{(0)} = (0,0)^{\mathrm{T}}$.

解:$\nabla f(X) = (3x_1 - x_2 - 2, x_2 - x_1)^{\mathrm{T}}, H(X) = \begin{bmatrix} 3 & -1 \\ -1 & 1 \end{bmatrix}$ 是正定矩阵.

$$\nabla f(X^{(0)}) = \begin{bmatrix} -2 \\ 0 \end{bmatrix}, H(X^{(0)}) = \begin{bmatrix} 3 & -1 \\ -1 & 1 \end{bmatrix}, H(X^{(0)})^{-1} = \begin{bmatrix} \frac{1}{2} & \frac{1}{2} \\ \frac{1}{2} & \frac{3}{2} \end{bmatrix}$$

$$X^{(1)} = X^{(0)} - H(X^{(0)})^{-1}\nabla f(X^{(0)}) = \begin{bmatrix} 0 \\ 0 \end{bmatrix} - \begin{bmatrix} \frac{1}{2} & \frac{1}{2} \\ \frac{1}{2} & \frac{3}{2} \end{bmatrix}\begin{bmatrix} -2 \\ 0 \end{bmatrix} = \begin{bmatrix} 1 \\ 1 \end{bmatrix}$$

因 $\nabla f(X^{(1)}) = (0,0)^{\mathrm{T}}$,故 $X^{(1)} = (1,1)^{\mathrm{T}}$ 为 $f(X)$ 的极小点,极小值是 -1.

上例说明,如果 $f(X)$ 是二次函数,则其海赛矩阵为常数,这时 $X^{(k)}$ 点的二阶泰勒展开是精确的. 在这种情况下,假设海赛矩阵正定,从任意一点出发,只要一步即可求出 $f(X)$ 的极小点. 以后还会遇到一些算法,把它们用于二次凸函数时,类似于牛顿法,经有限次迭代必达到极小点. 这种性质称为二次终止性.

例 8.4　用牛顿法求解 $f(X) = (x_1 - 1)^4 + x_2^2$ 的极小值.

目标函数的梯度和 Hesse 矩阵分别为：

$$\nabla f(X) = \begin{bmatrix} 4(x_1-1)^3 \\ 2x_2 \end{bmatrix}, \nabla^2 f(X) = \begin{bmatrix} 12(x_1-1)^2 & 0 \\ 0 & 2 \end{bmatrix}$$

取初点 $X^{(1)} = (0,1)^T$.

第 1 次迭代：

$$\nabla f(X^{(1)}) = \begin{bmatrix} -4 \\ 2 \end{bmatrix}, \nabla^2 f(X^{(1)}) = \begin{bmatrix} 12 & 0 \\ 0 & 2 \end{bmatrix}$$

$$X^{(2)} = X^{(1)} - \nabla^2 f(X^{(1)})^{-1} \nabla f(X^{(1)}) = \begin{bmatrix} 0 \\ 1 \end{bmatrix} - \begin{bmatrix} 12 & 0 \\ 0 & 2 \end{bmatrix}^{-1} \begin{bmatrix} -4 \\ 2 \end{bmatrix} = \begin{bmatrix} 1/3 \\ 0 \end{bmatrix}$$

第 2 次迭代：

$$\nabla f(X^{(2)}) = \begin{bmatrix} -32/27 \\ 0 \end{bmatrix}, \nabla^2 f(X^{(1)}) = \begin{bmatrix} 48/9 & 0 \\ 0 & 2 \end{bmatrix}$$

$$X^{(3)} = X^{(2)} - \nabla^2 f(X^{(2)})^{-1} \nabla f(X^{(2)}) = \begin{bmatrix} 5/9 \\ 0 \end{bmatrix}$$

继续迭代，得到：

$$X^{(4)} = \begin{bmatrix} 19/27 \\ 0 \end{bmatrix}, X^{(5)} = \begin{bmatrix} 65/81 \\ 0 \end{bmatrix}, \cdots$$

迭代序列逐渐靠近最优解 $X^* = (1,0)^T$.

8.2.2 算法分析

当牛顿法收敛时，$\dfrac{\parallel x^{(k+1)} - \bar{x} \parallel}{\parallel x^{(k)} - \bar{x} \parallel^2} \leqslant c, c$ 是常数. 因此，牛顿法至少 2 级收敛，比最速下降法收敛速度快. 但当初始点远离极小点时，牛顿法可能不收敛. 牛顿方向不一定是下降方向，经迭代，目标函数值可能上升. 而且由于采取定步长，即使目标函数值下降，得到的点也不一定是沿牛顿方向的最好点或极小点.

8.3 阻尼牛顿法

8.3.1 基本原理

基于牛顿法的问题，对牛顿法进行改进，从而提出了阻尼牛顿法，也叫修正 Newton 法(Modified Newton Method). 沿牛顿方向增加一维搜索，搜索反向仍为 $X^{(k)}$ 处的牛顿方向，λ_k 由一维搜索得到：

$$f(X^{(k)} + \lambda_k D^{(k)}) = \min_{\lambda \geqslant 0} f(X^{(k)} + \lambda D^{(k)})$$

8.3.2 算法步骤

(1) 给定初始点 $X^{(0)}$，允许误差 $\varepsilon > 0$，令 $k = 0$.

(2) 计算 $\nabla f(X^{(k)}), H(X^{(k)})^{-1}$.

(3) 若 $\| \nabla f(X^{(k)}) \| < \varepsilon$,则停止计算;否则,令 $D^{(k)} = -H(X^{(k)})^{-1} \nabla f(X^{(k)})$.

(4) 从 $X^{(k)}$ 出发,沿 $D^{(k)}$ 进行一维搜索,求 λ_k,使:

$$f(X^{(k)} + \lambda_k D^{(k)}) = \min_{\lambda \geqslant 0} f(X^{(k)} + \lambda D^{(k)})$$

(5) 令 $X^{(k+1)} = X^{(k)} + \lambda_k D^{(k)}$,令 $k := k+1$,转步骤(2).

例 8.5   用阻尼 Newton 法求解 $f(X) = x_1 - x_2 + 2x_1^2 + 2x_1 x_2 + x_2^2$ 的极小点, $X^{(0)} = (0,0)^{\mathrm{T}}, \varepsilon = 10^{-3}$.

解:$\nabla f(X) = \begin{bmatrix} 1+4x_1+2x_2 \\ -1+2x_1+2x_2 \end{bmatrix}, H(X) = \begin{bmatrix} 4 & 2 \\ 2 & 2 \end{bmatrix}$,计算表如表 8.1 所示.

表 8.1

k	$X^{(k)}$	$f(X^{(k)})$	$\nabla f(X^{(k)})$	$\| \nabla f(X^{(k)}) \|$	$<\varepsilon$	$D^{(k)}$	λ_k
0	$(0,0)^{\mathrm{T}}$	0	$(1,-1)^{\mathrm{T}}$	2	$-$	$\left(-1, \dfrac{3}{2}\right)^{\mathrm{T}}$	1
1	$\left(-1, \dfrac{3}{2}\right)^{\mathrm{T}}$	$-\dfrac{5}{4}$	$(0,0)^{\mathrm{T}}$	0	$+$		

其中,$\lambda_0 = \dfrac{-\nabla f(X^{(k)})^{\mathrm{T}} D^{(k)}}{D^{(k)\mathrm{T}} H(X^{(k)}) D^{(k)}} = 1$.

$$X^* = \left(-1, \frac{3}{2}\right)^{\mathrm{T}}, f(X^*) = -\frac{5}{4}$$

相比牛顿法,阻尼牛顿法对初始点的选择要求不严.由于阻尼牛顿法含有一维搜索,因此每次迭代目标函数值一般有所下降(绝不会上升).

8.4   拟牛顿法

8.4.1   基本原理

因为原始牛顿法和阻尼牛顿法要用到海塞矩阵及其逆矩阵,计算量较大,而且可能出现海塞矩阵奇异的情形,因此不能确定后继点;或者海塞矩阵非正定,因而牛顿方向不一定是下降方向,导致算法失效.

为了尽可能保持 Newton 法收敛速度快的优点,形成了为了避免上述缺点的拟牛顿法(Quasi-Newton Method),基本思路是用目标函数和梯度,构造海塞矩阵的近似矩阵,由此获得一个搜索方向,生成新的迭代点.近似矩阵的不同构造方式,对应着拟牛顿法的不同变形.

变尺度法(Variable Metric Algorithm)是常用的拟牛顿法,由 Davidon 于 1959 年提出,后经 Fletcher 和 Powell 改进,因此变尺度法也被称为 DFP 法.

设第 k 次迭代后,得到点 $X^{(k+1)}$,在该点附近用 $f(X)$ 的二阶 Taylor 展开式逼近:

$$f(X) \approx f(X^{(k+1)}) + \nabla f(X^{(k+1)})^{\mathrm{T}}(X - X^{(k+1)}) + \frac{1}{2}(X - X^{(k+1)})^{\mathrm{T}} H(X^{(k+1)})$$
$$(X - X^{(k+1)})$$

梯度为：

$$\nabla f(X) \approx \nabla f(X^{(k+1)}) + H(X^{(k+1)})(X - X^{(k+1)})$$

将 $X = X^{(k)}$ 代入，则：

$$\nabla f(X^{(k)}) \approx \nabla f(X^{(k+1)}) + H(X^{(k+1)})(X^{(k)} - X^{(k+1)})$$

令 $\begin{cases} \Delta X^{(k)} = X^{(k+1)} - X^{(k)} \\ \Delta G^{(k)} = \nabla f(X^{(k+1)}) - \nabla f(X^{(k)}) \end{cases}$ ，代入上式，有 $\Delta G^{(k)} \approx \nabla^2 f(X^{(k+1)}) \Delta X^{(k)}$.

又设 Hesse 矩阵 $\nabla^2 f(X^{(k+1)})$ 可逆，则：

$$\Delta X^{(k)} \approx \nabla^2 f(X^{(k+1)})^{-1} \Delta G^{(k)}$$

计算出 $\Delta X^{(k)}$ 和 $\Delta G^{(k)}$ 后，可根据上式来估计 $X^{(k+1)}$ 处 Hesse 矩阵的逆矩阵. 因此，要求 $H(X^{(k+1)})$ 的逆矩阵的第 $k+1$ 次近似矩阵 $H^{(k+1)}$ 满足关系式（拟牛顿条件）：

$$\Delta X^{(k)} = H^{(k+1)} \Delta G^{(k)}$$

假设 $H^{(k)}$ 已知，且为对称正定矩阵，令：

$$\Delta H^{(k)} = \frac{\Delta X^{(k)}(\Delta X^{(k)})^{\mathrm{T}}}{(\Delta G^{(k)})^{\mathrm{T}} \Delta X^{(k)}} - \frac{H^{(k)} \Delta G^{(k)}(\Delta G^{(k)})^{\mathrm{T}} H^{(k)}}{(\Delta G^{(k)})^{\mathrm{T}} H^{(k)} \Delta G^{(k)}}$$

$$H^{(k+1)} = H^{(k)} + \Delta H^{(k)}$$

已知 $H^{(0)}$（可取单位矩阵 I），即可得 $H^{(1)}$，$H^{(2)}$，…上述矩阵称为尺度矩阵，所谓的"变尺度"就是指在整个迭代过程中尺度矩阵是不断变化的. 可以验证，这样定义的校正矩阵满足拟牛顿条件，并且第一个尺度矩阵为单位矩阵（对称正定阵），其后构造的尺度矩阵也均为对称正定阵，可以确保搜索方向为下降方向. 以此校正公式为基础的拟牛顿法也称为变尺度法.

8.4.2 算法步骤

（1）给定初始点 $X^{(0)}$，允许误差 $\varepsilon > 0$. $H_0 = I$，$k = 0$.

（2）求搜索方向 $D^{(k)} = -H^{(k)} \nabla f(X^{(k)})$.

（3）从 $X^{(k)}$ 出发，然后沿 $D^{(k)}$ 方向求步长 λ_k.

$$f(X^{(k)} + \lambda_k D^{(k)}) = \min_{\lambda \geq 0} f(X^{(k)} + \lambda D^{(k)})$$

令 $X^{(k+1)} = X^{(k)} + \lambda_k D^{(k)}$.

（4）检验是否满足收敛准则，若 $\| \nabla f(x^{(k+1)}) \| \leq \varepsilon$，则得到点 $X^* = x^{(k+1)}$，停止迭代；否则，转到步骤（5）.

（5）用尺度矩阵公式对矩阵 $H^{(k)}$ 进行校正，得到 $H^{(k+1)}$，使之满足拟牛顿条件，令 $k := k+1$，转步骤（2）.

例 8.6 用 DFP 法求解问题：$\min f(X) = 2x_1^2 + x_2^2 - 4x_1 + 2$.

取初始点 $X^{(0)} = (2,1)^{\mathrm{T}}$ 及初始矩阵 $H^{(0)} = I_2$.

目标函数的梯度 $\nabla f(X) = \begin{bmatrix} 4(x_1 - 1) \\ 2x_2 \end{bmatrix}$

第 1 次迭代: $\nabla f(X^{(0)}) = \begin{bmatrix} 4 \\ 2 \end{bmatrix}$

令搜索方向 $D^{(0)} = -H^{(0)} \nabla f(X^{(0)}) = \begin{bmatrix} -4 \\ -2 \end{bmatrix}$

从 $X^{(0)}$ 出发做一维搜索: $\min\limits_{\lambda \geq 0} f(X^{(0)} + \lambda D^{(0)}) = 3 - 20\lambda + 36\lambda^2$

解得 $\lambda_0 = 5/18$.

$$X^{(1)} = X^{(0)} + \lambda_0 D^{(0)} = \begin{bmatrix} 8/9 \\ 4/9 \end{bmatrix}, \nabla f(X^{(1)}) = \begin{bmatrix} -4/9 \\ 8/9 \end{bmatrix}$$

第 2 次迭代:

$$\Delta X^{(0)} = X^{(1)} - X^{(0)} = \begin{bmatrix} -10/9 \\ -5/9 \end{bmatrix}, \Delta G^{(0)} = \nabla f(X^{(1)}) - \nabla f(X^{(0)}) = \begin{bmatrix} -40/9 \\ -10/9 \end{bmatrix}$$

计算尺度矩阵:

$$H^{(1)} = H^{(0)} + \frac{\Delta X^{(0)} (\Delta X^{(0)})^{\mathrm{T}}}{(\Delta G^{(0)})^{\mathrm{T}} \Delta X^{(0)}} - \frac{H^{(0)} \Delta G^{(0)} (\Delta G^{(0)})^{\mathrm{T}} H^{(0)}}{(\Delta G^{(0)})^{\mathrm{T}} H^{(0)} \Delta G^{(0)}} = \frac{1}{306} \begin{bmatrix} 86 & -38 \\ -38 & 305 \end{bmatrix}$$

令 $D^{(1)} = -H^{(1)} \nabla f(X^{(1)}) = \dfrac{4}{17} \begin{bmatrix} 1 \\ -4 \end{bmatrix}$

从 $X^{(1)}$ 出发做一维搜索: $\min\limits_{\lambda \geq 0} f(X^{(1)} + \lambda D^{(1)})$, 解得 $\lambda_1 = 17/36$.

$$X^{(2)} = X^{(1)} + \lambda_1 D^{(2)} = \begin{bmatrix} 1 \\ 0 \end{bmatrix}, \nabla f(X^{(2)}) = \begin{bmatrix} 0 \\ 0 \end{bmatrix}$$

得到最优解 $X^* = (1, 0)^{\mathrm{T}}$.

此例经两次搜索达到极小点, 可证明, DFP 方法也具有二次终止性.

8.4.3 算法分析

拟牛顿法在迭代中仅需一阶导数, 不必计算 Hesse 矩阵, 从而增加了适用性, 而且当使校正矩阵正定时, 算法产生的方向均为下降方向. 算法迭代中需要不断计算和更新尺度矩阵, 所需存储量相对较大.

除了变尺度法之外, 也有其他形式的近似海塞矩阵, 如 1970 年 Broyden, Fletcher, Goldfarb 和 Shanno 提出 BFGS 算法, 其核心公式 BFGS 公式, 也称为 DFP 公式的对偶公式.

8.5 共轭方向法

8.5.1 基本原理

除了负梯度方向和牛顿方向, 在优化理论中还有一个常用的方向概念是共轭方向.

前两个概念是某一点处的绝对方向,而共轭方向是向量间的相对关系.

定义 8.1 设 $X,Y \in R^n$,A 为 $n \times n$ 对称正定阵.若 $X^T AY = 0$,称 X 与 Y 为 A 共轭,则称 X 与 Y 是共轭方向.

显然,当 $A = kI, k \neq 0$,X 与 Y 正交,可以认为共轭是正交的推广.

例 8.7 有两个二维向量 $S_1 = \begin{bmatrix} 1 \\ 1 \end{bmatrix}$,$S_2 = \begin{bmatrix} 1 \\ -1 \end{bmatrix}$,$A = \begin{bmatrix} 2 & 1 \\ 1 & 2 \end{bmatrix}$,判断 S_1 与 S_2 是否关于 A 共轭,是否正交?

解:$S_1^T A S_2 = \begin{bmatrix} 1 & 1 \end{bmatrix} \cdot \begin{bmatrix} 2 & 1 \\ 1 & 2 \end{bmatrix} \cdot \begin{bmatrix} 1 \\ -1 \end{bmatrix} = 0$,因此,$S_1$ 与 S_2 关于 A 共轭.

$S_1^T S_2 = \begin{bmatrix} 1 & 1 \end{bmatrix} \cdot \begin{bmatrix} 1 \\ -1 \end{bmatrix} = 0$,因此,$S_1$ 与 S_2 正交.

定义 8.2 若非零向量组 $P^{(i)} \in E^n (i = 0, 1, \cdots, n-1)$,$A$ 为 $n \times n$ 对称正定阵,有 $P^{(i)T} AP^{(j)} = 0 (i \neq j, i, j = 0, 1, \cdots, n-1)$,称此向量组为 A 共轭,也称 $P^{(i)}$ 是关于 A 的一组共轭方向.

可以证明,共轭向量组 $P^{(i)}$ 是线性独立的.

假设 $P^{(0)}, P^{(1)}, \cdots, P^{(n-1)}$ 线性相关,则一定存在一组不全为 0 的一组数 $\alpha_0, \alpha_1, \cdots, \alpha_{n-1}$,满足 $\alpha_0 P^{(0)} + \alpha_1 P^{(1)} + \cdots + \alpha_{n-1} P^{(n-1)} = 0$,则对于任意一个 $P^{(i)} (i = 0, 1, \cdots, n-1)$:

$$P^{(i)'} A(\alpha_0 P^{(0)} + \alpha_1 P^{(1)} + \cdots + \alpha_{n-1} P^{(n-1)}) = \alpha_0 P^{(i)'} AP^{(0)} + \alpha_1 P^{(i)'} AP^{(1)} + \cdots + \alpha_{n-1} P^{(i)'} AP^{(n-1)} = 0$$

因此有:$\alpha_i P^{(i)'} AP^{(i)} = 0$,但这与 $P^{(i)}$ 非零以及 A 正定不符.

共轭方向法是把共轭的向量组依次取作为 n 个搜索方向的一类算法,用一维搜索 $\min\limits_{\lambda} f(X^{(k)} + \lambda P^{(k)}) = f(X^{(k)} + \lambda_k P^{(k)})$,确定采取最佳步长 λ_k,从而形成迭代公式:

$$X^{(k+1)} = X^{(k)} + \lambda_k P^{(k)}$$

由于二次函数比较简单且凸性明显,先以二次函数 $\min f(X) = \frac{1}{2} X^T AX + B^T X + C$ 为例分析,A 是正定矩阵,非零向量 $P^{(0)}, P^{(1)}, \cdots, P^{(n-1)}$ 是一组关于 A 的共轭方向,从 $X^{(0)} \in R^n$ 出发,依次沿 $P^{(0)}, P^{(1)}, \cdots, P^{(n-1)}$ 进行一维搜索,至多经过 n 轮迭代,即可求得该问题的最优解.

8.5.2 算法步骤

(1) 构造一组 A 共轭的向量 $P^{(0)}, P^{(1)}, \cdots, P^{(n-1)}$,初始点 $X^{(0)}$,令 $k = 0$.

(2) 若 $k = n$,则算法停止,输出最优解 X^*;否则,进行一维搜索,求 λ_k,使得:

$$\min\limits_{\lambda} f(X^{(k)} + \lambda P^{(k)}) = f(X^{(k)} + \lambda_k P^{(k)})$$

(3) 令 $X^{(k+1)} = X^{(k)} + \lambda_k P^{(k)}$ 令 $k := k+1$,转(2).

例 8.8 用共轭方向法求解函数 $f(X) = x_1^2 + 25 x_2^2$ 的极小点,取 $X^{(0)} = (2,2)^T$.

解:$f(X) = x_1^2 + 25 x_2^2$

$$= \frac{1}{2}\begin{bmatrix} x_1 & x_2 \end{bmatrix} \cdot \begin{bmatrix} 2 & 0 \\ 0 & 50 \end{bmatrix} \cdot \begin{bmatrix} x_1 \\ x_2 \end{bmatrix} + 0 \cdot X + 0$$

可得 $A = \begin{bmatrix} 2 & 0 \\ 0 & 50 \end{bmatrix}, B = 0, C = 0.$

取初始搜索方向 $P^{(0)}$ 为：

$$P^{(0)} = -\nabla f(X^{(0)}) = -(AX^{(0)} + B) = -\begin{bmatrix} 2 & 0 \\ 0 & 50 \end{bmatrix} \times \begin{bmatrix} 2 \\ 2 \end{bmatrix} = -\begin{bmatrix} 4 \\ 100 \end{bmatrix}$$

取 $\lambda_0 = \dfrac{-\nabla F(X^{(0)})^{\mathrm{T}} P^{(0)}}{(P^{(0)})^{\mathrm{T}} A P^{(0)}} = \dfrac{-\begin{bmatrix} 4 \\ 100 \end{bmatrix}^{\mathrm{T}} \left(-\begin{bmatrix} 4 \\ 100 \end{bmatrix} \right)}{\left(-\begin{bmatrix} 4 \\ 100 \end{bmatrix} \right)^{\mathrm{T}} \begin{bmatrix} 2 & 0 \\ 0 & 50 \end{bmatrix} \left(-\begin{bmatrix} 4 \\ 100 \end{bmatrix} \right)} = \dfrac{10\,016}{500\,032}$

得 $X^{(1)} = X^{(0)} + \lambda_0 P^{(0)} = \begin{bmatrix} 2 \\ 2 \end{bmatrix} + \dfrac{10\,016}{500\,032} \left(-\begin{bmatrix} 4 \\ 100 \end{bmatrix} \right)$

由于 $P^{(1)}$ 与 $P^{(0)}$ 关于 A 共轭，则有：

$$(P^{(1)})^{\mathrm{T}} A P^{(0)} = (P^{(1)})^{\mathrm{T}} \begin{bmatrix} 2 & 0 \\ 0 & 50 \end{bmatrix} \cdot \begin{bmatrix} -4 \\ -100 \end{bmatrix} = 0$$

取 $P^{(1)} = \begin{bmatrix} -1\,250 \\ 2 \end{bmatrix}$

$\lambda_1 = \dfrac{-\nabla f(X^{(1)})^{\mathrm{T}} P^{(1)}}{(P^{(1)})^{\mathrm{T}} A P^{(1)}} = \dfrac{-\left(\begin{bmatrix} 2 & 0 \\ 0 & 50 \end{bmatrix} X_1 \right)^{\mathrm{T}} \begin{bmatrix} -1\,250 \\ 2 \end{bmatrix}}{\left(-\begin{bmatrix} -1\,250 \\ 2 \end{bmatrix} \right)^{\mathrm{T}} \begin{bmatrix} 2 & 0 \\ 0 & 50 \end{bmatrix} \left(-\begin{bmatrix} -1\,250 \\ 2 \end{bmatrix} \right)}$

$$X^{(2)} = X^{(1)} + \lambda_1 P^{(1)} = X^{(1)} + \lambda_1 \begin{bmatrix} -1\,250 \\ 2 \end{bmatrix} = \begin{bmatrix} 0 \\ 0 \end{bmatrix}$$

则 $X^* = (0,0)^{\mathrm{T}}, f(X^*) = 0.$

对于一般二阶可微的非二次型目标函数，由于许多目标函数在极值点附近都可以用二次函数做很好的近似，所以共轭方向法用于非二次的目标函数也有很好的效果.

8.6 共轭梯度法

8.6.1 基本原理

共轭梯度法是 1952 年由 Hesteness 和 Stiefel 提出的一种基于共轭方向的算法. 在这个基础上，Fletcher 和 Reeves 首先提出了解非线性最优化问题的 FR 共轭梯度法. 其思想是把共轭性与最速下降方法相结合，利用已知点处的梯度构造一组共轭方向，沿这组方向进行搜索，求出目标函数的极小点.

8.6.2 算法步骤

仍以正定二次函数优化问题为例分析,对于 $f(X) = \frac{1}{2}X^{\mathrm{T}}AX + B^{\mathrm{T}}X + c$,计算步骤为:

(1) 给定 $\varepsilon > 0$,取初始点 $X^{(0)}$,$P^{(0)} = -\nabla f(X^{(0)})$,令 $k = 0$.

(2) 当 $\| \nabla f(X^{(k)}) \|^2 \leqslant \varepsilon$,取 $X^{(k)} = X^*$,否则,转向(3).

(3) 用下面的公式求解 $X^{(k+1)}$,$P^{(k+1)}$,$k = k+1$,转向(2).

$$\begin{cases} \lambda_k = \dfrac{\| \nabla f_k \|^2}{(P^{(k)})^{\mathrm{T}}AP^{(k)}} \\[3mm] X^{(k+1)} = X^{(k)} + \lambda_k P^{(k)} \\[3mm] \beta_k = \left(\dfrac{\| \nabla f_{k+1} \|}{\| \nabla f_k \|} \right)^2 \\[3mm] P^{(k+1)} = -\nabla f_{k+1} + \beta_k P^{(k)} \end{cases}$$

对于二次函数,理论上至多迭代 n 代必可达 X^*.但因实际计算误差所致,往往 $X^{(n)} \neq X^*$.可是共轭方向至多只有 n 个,理应终结却未达极小点.这时,可将最终迭代点 $X^{(n)}$ 作为新初始点,再开始一轮共轭梯度法,一般收敛效果很好.其他形式的共轭方向法亦如此处理.

在 FR 法中,初始搜索方向必须取最速下降方向.如果选择别的方向作为初始方向,其余方向均按 FR 法构造,那么极小化正定二次函数时,构造出来的一组方向并不能保证共轭性.

例 8.9 用共轭梯度法求解问题 $\min f(X) = \frac{3}{2}x_1^2 + \frac{1}{2}x_2^2 - x_1 x_2 - 2x_1$,$\varepsilon = 0.000\,1$,$X^{(0)} = (-2,4)^{\mathrm{T}}$,求 X^*.

解: $f(X) = \frac{1}{2}(x_1, x_2)\begin{pmatrix} 3 & -1 \\ -1 & 1 \end{pmatrix}\begin{pmatrix} x_1 \\ x_2 \end{pmatrix} + (-2, 0)\begin{pmatrix} x_1 \\ x_2 \end{pmatrix}$,

$\nabla f(X) = (3x_1 - x_2 - 2, x_2 - x_1)^{\mathrm{T}}$,$A = \begin{pmatrix} 3 & -1 \\ -1 & 1 \end{pmatrix}$,$n = 2$,计算表如表 8.2 所示.

表 8.2

k	$(X^{(k)})^{\mathrm{T}}$	$\nabla f(X^{(k)})^{\mathrm{T}}$	$\| \nabla f(X^{(k)}) \|^2$	$\leqslant \varepsilon$	β_{k-1}	$(P^{(k)})^{\mathrm{T}}$	λ_k
0	$(-2,4)$	$(-12,6)$	180	—	—	$(12,-6)$	5/17
1	$(26/17, 38/17)$	$(6/17, 12/17)$	180/289	—	1/289	$(-90/289, -210/289)$	17/10
2	$(1,1)$	$(0,0)$	0	+			

$X^* = (1,1)^{\mathrm{T}}$,$f^* = -1$.

8.6.3 算法推广

用于极小化任意函数的共轭梯度法与用于极小化二次函数的共轭梯度法主要差别如下：

(1) 步长不能用二次函数中的最佳步长计算，需要用其他一维搜索方法来确定.

(2) 凡用到矩阵 A 之处，需要用现行点处的 Hesse 矩阵. 用这种方法求任意函数极小点，算法在有限步迭代后不一定能满足停止条件，此时可以迭代延续，每搜索一轮之后，以上一轮的最后一个迭代点为新的起始点，取最速下降方向作为新一轮的搜索方向，开始下一轮.

可以采用不同公式计算因子 β_k，形成不同的共轭梯度法，比如 $\beta_k = \dfrac{g_{k+1}^T(g_{k+1} - g_k)}{g_k^T g_k}$，$g_k = \nabla f(X^{(k)})$ 时形成了 PRP 共轭梯度法.

运用共轭梯度法时均假设采用精确一维搜索. 精确一维搜索需付出较大代价，因此许多情形下采用近似一维搜索. 但有时按近似一维搜索构造的搜索方向可能不是下降方向. 处理的方法是增加下降与否的检验，当新方向不是下降方向时，以最速下降方向重新开始；或者重新进行精确一维搜索，求最优步长.

共轭梯度法不用求矩阵的逆，存储量较小，对初始点的要求也不高，收敛速度较快，介于最速下降法与 Newton 法之间，特别适合求解高维优化问题；算法的缺点是收敛性强烈依赖于精确的一维搜索，为此需要付出很大代价.

8.7 直接法

间接方法都需要用到函数的一阶导数甚至二阶导数，但有些情况下，可能函数不可导，或者因为函数复杂，求不出导数. 所以也有 些无约束优化方法尽量避开微分运算，利用函数本身来进行搜索和迭代.

8.7.1 步长加速法

1. 基本原理

步长加速法是由 Hooke 和 Jeeves 于 1961 年提出的，对于变量数目较少的无约束最优化问题，这是一种程序简单而又比较有效的方法.

这个方法由两类移动构成，一类是探测移动，另一类是模式移动. 探测移动是为了揭示函数变化规律，探测目标函数下降方向；模式移动是利用发现的函数变化规律循着有利于下降的方向寻找较好的点，可看成一种加速，基于其原理，算法被称为步长加速法，也称为模式搜索法.

应用此法时，首先在某一点的四周探索出一个能使目标函数有所被改进的方向；然后沿着这个方向逐步加速前进，当发现继续沿此方向再爬不利时，便停止前进，而重新探索有利方向；就这样，"探"与"爬"交替进行直至最优点位置. 这个方法的特点是一直拿着函数的等值线(面)的局部主轴方向进行探索,以达到加快收敛的目的;或者形象地说,是沿着曲折的山脊前进.

以二元函数 $f(X)$ 为例,做探索移动时,先选定初始点 $X^{(0)}$,计算 $f(X^{(0)})$.从 $X^{(0)}$ 点出发,分别沿 x_1 和 x_2 方向做探索.先沿 x_1 方向以设定步长水平移动(或左或右),目标函数有改进的话认为移动成功,记录移动后的点 $X_1^{(0)}$;若未成功,$X_1^{(0)}=X^{(0)}$.然后再从 $X_1^{(0)}$ 沿 x_2 方向做垂直移动(或上或下),同样,如果移动成功,就记移动后的点 $X_1^{(0)}$.对于 n 元变量的情形,就要沿 n 个座标方向做类似的探索,直至完成一个周期.点 $X_n^{(0)}$ 若优于点 $X^{(0)}$,就把它改记作 $X^{(1)}$,即 $X^{(1)}=X_n^{(0)}$.

此时点 $X^{(0)}$ 和 $X^{(1)}$ 的连线方向是有利下降的方向,接着进行模式移动,将从 $X^{(0)}$ 到 $X^{(1)}$ 的移动沿同一方向放大延伸,放大倍率称为加速因子,若目标函数下降则模式移动成功.

探测移动和模式移动交替进行,迭代点逐渐靠近极小点,若探测移动找不出新的下降点,就缩小步长再探索,当步长达到精度要求后停止迭代.

2. 算法步骤

(1) 选择初始点 $X^{(0)}$,设定步长 $\delta>0$,加速因子 $\alpha(1\leqslant\alpha\leqslant2)$ 和收缩因子 $0<\beta<1$,以及允许误差 $\varepsilon>0$.$Y^{(0)}=X^{(0)},k=0,j=0$.

(2) 从参考点 $Y^{(0)}$ 出发,依次沿各分量的方向以一定的步长寻找函数的下降点:

$$Y^{(j+1)}=\begin{cases} Y^{(j)}+\delta e_j, & f(Y^{(j)}+\delta e_{ji})<f(Y^{(j)}) \\ Y^{(j)}-\delta e_j, & f(Y^{(j)}-\delta e_{ji})<f(Y^{(j)}) \\ Y^{(j)}, & else \end{cases}$$

(3) 如果 $j<n$,则 $j:=j+1$,转(2);否则,转(4).

(4) 如果 $f(Y^{(n)})<f(X^{(k)})$,则 $X^{(k+1)}=Y^{(n)}$,并进行模式移动,令:

$$Y^{(0)}=X^{(k+1)}+\alpha(X^{(k+1)}-X^{(k)}),k=k+1,j=0,转(2).$$

若 $f(Y^{(n)})\geqslant f(X^{(k)})$ 且 $\delta\leqslant\varepsilon$,停止迭代,$X^*=X^{(k)}$;否则,$\delta=\beta\delta,X^{(k)}=Y^{(n)},k=k+1,j=0$,转(2).

例 8.10 用步长加速法求解.

$$\min f(X)=x_1^2+2x_2^2-4x_1-2x_1x_2$$
$$X^{(0)}=(1,1)^{\mathrm{T}},\varepsilon=0.05$$

解:取 $\alpha=1,\beta=\dfrac{1}{6},\delta=1$

$Y^{(0)}=X^{(0)}=(1,1)^{\mathrm{T}},e_1=(1,0)^{\mathrm{T}},e_2=(0,1)^{\mathrm{T}}$

开始第一轮探测移动:$f(Y^{(0)}+e_1)=-6<f(Y^{(0)})=-3$,所以 $Y^{(1)}=(2,1)^{\mathrm{T}}$

但 $f(Y^{(1)}+e_2)=f(2,2)=-4>f(Y^{(1)})$;$f(Y^{(1)}-e_2)=f(2,0)>f(Y^{(1)})$

所以 $Y^{(2)}=Y^{(1)}$

因为 $f(Y^{(0)})<f(X^{(0)})$,$X^{(1)}=Y^{(2)}$

$Y^{(0)}=X^{(1)}+\alpha(X^{(1)}-X^{(0)})=2X^{(1)}-X^{(0)}=(3,1)^{\mathrm{T}}$

再从 $Y^{(0)}$ 出发做第二轮探测移动: $f(Y^{(0)}) = -7$

沿两个方向均不能改进目标函数,所以 $Y^{(2)} = Y^{(1)} = Y^{(0)}$

$X^{(2)} = Y^{(2)} = (3,1)^T$ $f(X^{(2)}) = -7$

再进行模式移动 $Y^{(0)} = 2X^{(2)} - X^{(1)} = (4,1)^T$

第三轮: $X^{(3)} = (4,2)^T, Y^{(0)} = (5,3)^T$

第四轮: $X^{(4)} = (4,2)^T, Y^{(0)} = (4,2)^T, f(Y^{(0)}) = f(X^{(4)})$,缩小步长 $\delta = \beta\delta = \dfrac{1}{6}$

继续重复以上过程,与上一轮类似 $f(Y^{(0)}) = f(X^{(5)})$,缩小步长 $\delta = \dfrac{1}{36}$

再迭代 $f(Y^{(0)}) = f(X^{(6)})$,并且 $\delta < \varepsilon$,停止 $X^* = (4,2)^T, f(X^*) = -8$.

模式移动方向可以看作梯度方向的一个近似,本方法也可以看作是最速下降的一个近似,因此这个方法的收敛速度较慢.特别是在最优点附近,但当变量个数不变时,此方法可能是有用的.此方法也可以与其他方法结合使用,以便在最优化过程开始阶段找到一个较好的初始点.

8.7.2 方向加速法

1. 基本原理

方向加速法是 Powell(1964)提出来的,因此又称为 Powell 方法.它是目前在无约束最优化的直接搜索方法中最有效的一个方法,本质上也是一种共轭方向法,因此这个方法具有二次终法性.

每一轮过程中由 $n+1$ 个序列一维搜索组成,先依次按照 n 个已知的线性无关方向搜索,然后沿本轮迭代的初始点和第 n 次搜索所得点的联系方向搜索,得到一轮的最好点并作为下一阶段的起点,再用最后一个搜索方向代替前 n 个方向中的一个,开始下一轮的迭代.新的搜索方向也称为加速方向.

2. 算法步骤

Powell 方法的原始方案,过程如下:

(1) 给定初始点 $X^{(0)}$,n 个线性无关的向量 $D^{(j)}(j=1,2,\cdots,n)$,以及允许误差 $\varepsilon > 0$,$k=0$.

(2) 从 $X^{(k)}$ 出发,令 $X_{k,0} = X^{(k)}$,依次沿 $D^{(j)}(j=1,2,\cdots,n)$ 进行一维搜索,$\min f(X_{k,j-1} + \lambda D^{(j)})$ 求出最优步长 λ_{j-1},$X_{k,j} = X_{k,j-1} + \lambda_{j-1}D^{(j)}$.

(3) 从 $X_{k,n}$ 出发,令 $D^{(n+1)} = X_{k,n} - X_{k,0}$,沿加速方向进行一维搜索,$\min f(X_{k,n} + \lambda D^{(n+1)})$ 求出最优步长 λ_n,$X^{(k+1)} = X_{k,n} + \lambda_n D^{(n+1)}$.

(4) 如果 $\| X^{(k+1)} - X^{(k)} \| < \varepsilon$,停止搜索,$X^* = X^{(k+1)}$;否则,$D^{(j)} = D^{(j+1)}(j=1,2,\cdots,n-1)$,$D^{(n)} = X_{k,n} - X_{k,0}$,$k:=k+1$,转(2).

例 8.11 用方向加速法求解.

$$\min f(X) = x_1^2 + 2x_2^2 - 4x_1 - 2x_1x_2$$

$$X^{(0)}=(1,1)^{\mathrm{T}},\varepsilon=0.05$$

解：$D^{(1)}=(1,0)^{\mathrm{T}}D^{(2)}=(0,1)^{\mathrm{T}},X_{0,0}=X^{(0)}=(1,1)^{\mathrm{T}}$，从 $X_{0,0}$ 沿 $D^{(1)}$ 进行一维搜索，$\min f(X_{0,0}+\lambda D^{(1)})$ 得到 $\lambda_0=2,X_{0,1}=X_{0,0}+\lambda_0 D^{(1)}=(3,1)^{\mathrm{T}}$.

再从 $X_{0,1}$ 沿 $D^{(2)}$ 进行一维搜索，解得 $\lambda_1=\dfrac{1}{2},X_{0,2}=X_{0,1}+\lambda_1 D^{(2)}=\left(3,\dfrac{3}{2}\right)^{\mathrm{T}}$.

$D^{(3)}=X_{0,2}-X_{0,0}=\left(2,\dfrac{1}{2}\right)^{\mathrm{T}}$，从 $X_{0,2}$ 沿 $D^{(3)}$ 进行一维搜索，得到 $\lambda_2=\dfrac{2}{5},X^{(1)}=X_{0,2+}\lambda_2 D^{(3)}=\left(\dfrac{19}{5},\dfrac{17}{10}\right)^{\mathrm{T}}$.

$\parallel X^{(1)}-X^{(0)}\parallel>\varepsilon$，所以令 $D^{(1)}=D^{(2)}=(0,1)^{\mathrm{T}},D^{(2)}=D^{(3)}=\left(2,\dfrac{1}{2}\right)^{\mathrm{T}},X_{1,0}=X^{(1)}=\left(\dfrac{19}{5},\dfrac{17}{10}\right)^{\mathrm{T}}$. 进行第二轮迭代，从 $X_{1,0}$ 沿 $D^{(1)}$ 进行一维搜索，$\min f(X_{1,0}+\lambda D^{(1)})$ 得到 $\lambda_0=\dfrac{1}{5},X_{1,1}=X_{1,0}+\lambda_0 D^{(1)}=\left(\dfrac{19}{5},\dfrac{19}{10}\right)^{\mathrm{T}}$.

再从 $X_{1,1}$ 沿 $D^{(2)}$ 进行一维搜索，解得 $\lambda_1=\dfrac{2}{25},X_{1,2}=X_{1,1}+\lambda_1 D^{(2)}=\left(\dfrac{99}{25},\dfrac{97}{50}\right)^{\mathrm{T}}$.

$D^{(3)}=X_{1,2}-X_{1,0}=\left(\dfrac{4}{25},\dfrac{6}{25}\right)^{\mathrm{T}}$，从 $X_{1,2}$ 沿 $D^{(3)}$ 进行一维搜索，得到 $\lambda_2=\dfrac{1}{4},X^{(2)}=X_{1,2}+\lambda_2 D^{(3)}=(4,2)^{\mathrm{T}}$，得到极小点 $X^*=(4,2)^{\mathrm{T}}$.

原始 Powell 方法有一个主要的缺点，即这样更换方向所产生的 n 个向量有时可能是近似的线形相关的，从而使其真的极小点可能被漏掉. 为克服这些缺点，Powell 等人将其做了某些改进，修改了方向向量替换规则，改进后的方法可以确保方向向量线性无关，但不再有二次终止性，收敛速度比原始的 Powell 方法慢些.

习 题

8.1　用最速下降法、阻尼牛顿法、共轭梯度法求解下列函数的极值点，并绘图标出各次迭代点，取 $\varepsilon=0.01$：

(1) $\max f(X)=-(x_1-2)^2-2x_2^2,X^{(0)}=(0,0)^{\mathrm{T}}$

(2) $\min f(X)=4x_1+6x_2-2x_1^2-2x_1x_2-2x_2^2,X^{(0)}=(1,1)^{\mathrm{T}}$

(3) $\min f(X)=x_1-x_2+2x_1^2+2x_1x_2+x_2^2,X^{(0)}=(0,0)^{\mathrm{T}}$

(4) $\max f(X)=-\dfrac{3}{2}x_1^2-\dfrac{1}{2}x_2^2+x_1x_2+2x_1,X^{(0)}=(-2,4)^{\mathrm{T}}$

8.2　用变尺度法求解 $\min f(X)=(x_1-2)^3+(x_1-2x_2)^2$，初始点 $X^{(0)}=(0,3)^{\mathrm{T}}$，要求近似极小点梯度的模不大于 0.5.

8.3　用方向加速法和步长加速法求解下列问题：

(1) $\min x_1^2+x_2^2-4x_1+2x_2+7$

取初始点 $x^{(1)}=(0,0)^{\mathrm{T}}$，初始步长 $\delta=1,\alpha=1,\beta=\dfrac{1}{4}$.

(2) $\min x_1^2 + 2x_2^2 - 4x_1 - 2x_1x_2$

取初始点 $x^{(1)} = (1,1)^{\mathrm{T}}$，初始步长 $\delta = 1, \alpha = 1, \beta = \dfrac{1}{2}$.

第9章　有约束优化

关键词

有约束优化(Constrained Optimization)
可行方向法(Feasible Direction Method)
既约梯度法(Reduced Gradient Method)
梯度投影法(Gradient Projection Method)
罚函数法(Penalty Function Method)
障碍函数法(Obstacle Function Method)

内容概述

有约束优化问题是高级运筹学的重点部分,求解的难度最大.很多运筹学和最优化领域的专家进行了大量的探索研究,形成了一系列求解算法.这些算法适用性不同,收敛速度和求解质量有差别,根据其算法原理,主要分为可行方向法、线性规划逼近法和制约函数法等三大类.

9.1　可行方向法

设 $X^{(k)}$ 是非线性规划$\{\min f(X); g_j(X) \geqslant 0, j = 1, 2, \cdots, n\}$的一个可行解,但不是极小点.为了求解出它的极小点或近似极小点,应在 $X^{(k)}$ 点的可行下降方向中选取某一方向 $D^{(k)}$,并确定步长 λ_k,使 $X^{(k+1)} = X^{(k)} + \lambda_k D^{(k)} \in R$($R$ 代表可行域)且 $f(X^{(k+1)}) < f(X^{(k)})$.若此时已满足精度要求,迭代结束,$X^{(k+1)}$ 就是所求的极小点;否则,从 $X^{(k+1)}$ 出发继续迭代,直到满足精度要求为止.此种方法称为可行方向法,这类方法搜索方向为可行方向,所产生的迭代点序列$\{X^{(k)}\}$始终在可行域的内部,目标函数单调下降.可行方向的选择不同,就有不同的可行方向法,处理约束极值的许多算法,包括线性规划的单线形法,本质上均属这类算法.经典的可行方向法有 Zoutendijk 可行方向法、既约梯度法和梯度投影法.

9.1.1　Zoutendijk 可行方向法

1. 基本原理

人们通常所讲的可行方向法,一般指的是 Zoutendijk 在 1960 年提出的算法及其变形,下面就来介绍一下 Zoutendijk 的可行方向法.

在第 6 章中已引入了下降方向和可行方向的概念,下面针对问题$\{\min f(X); g_j(X) \geqslant 0, j=1,2,\cdots,n\}$,分析下降可行方向的有关性质.

定义 9.1　设 D 为 $X^{(0)}$ 处的可行方向. 若存在正数 λ_0,使得:
$$f(X^{(0)}) > f(X^{(0)}+\lambda D) \quad (0 < \lambda < \lambda_0)$$
则称 D 为 $X^{(0)}$ 处的一个可行下降方向.

定理 9.1　设 D 为 $X^{(0)}$ 处的可行方向,$\nabla f(X^{(0)})^{\mathrm{T}} \neq 0$,则 $\nabla f(X^{(0)})^{\mathrm{T}}D < 0$ 的充要条件是 D 为 $X^{(0)}$ 处的下降方向.

证明:对 $f(X)$ 做一阶 Taylor 展开:令 $\Delta X^{(0)} = X - X^{(0)} = \lambda D$,
$$f(X) = f(X^{(0)}) + \nabla f(X^{(0)})\Delta X^{(0)} + o(\|\Delta X^{(0)}\|)$$
$$= f(X^{(0)}) + \lambda \nabla f(X^{(0)})D + o(\|\lambda D\|) \quad (\lambda > 0)$$

必要性:已知 $\nabla f(X^{(0)})^{\mathrm{T}}D < 0$.

因为存在 $N(X^{(0)},\delta)$,任对 $X \in N(X^{(0)},\delta)$ 均有:
$$\lambda \nabla f(X^{(0)})^{\mathrm{T}}D + o(\|\lambda D\|) < 0$$

得 $f(X) < f(X^{(0)})$,故 D 为下降方向.

充分性:已知 D 为下降方向.

因 $f(X) < f(X^{(0)})$,得 $\lambda \nabla f(X^{(0)})^{\mathrm{T}}D + o(\|\lambda D\|) < 0$,等价于:
$$\nabla f(X^{(0)})^{\mathrm{T}}D + \frac{1}{\lambda}o(\|\lambda D\|) < 0$$

令 $\lambda \to 0$,知 $\nabla f(X^{(0)})^{\mathrm{T}}D < 0$.

定理 9.2　设 $g_j(X^{(0)}) = 0$,则 $\nabla g_j(X^{(0)}) > 0$ 的充要条件是 D 为 $X^{(0)}$ 处的可行方向.

证明:因梯度 $\nabla g_j(X^{(0)})$ 是设 $g_j(X^{(0)})$ 增加最大的方向且垂直 $X^{(0)}$ 处的切平面,故 $\nabla g_j(X^{(0)})$ 必指向使 $g_j(X^{(0)}) > 0$ 的 R 内. 于是,任对向量 D,数积 $\nabla g_j(X^{(0)})^{\mathrm{T}}D > 0$ 等价于其夹角为锐角,即等价于 D 的指向 R 内,故 D 为可行方向.

由上述性质可推知:当求得一个可行而非最优的解 $X^{(k)} \in R$,则需进一步搜索——确定可行下降方向 D,此时,若 $g_j(X)$ 是 $X^{(k)}$ 处的有效约束,即 $g_j(X^{(k)}) = 0$,则 D 满足的充要条件是:
$$\begin{cases} \nabla f(X^{(k)})^{\mathrm{T}}D < 0 \\ \nabla g_j(X^{(k)})^{\mathrm{T}}D > 0 \end{cases}$$

这等价于由下面的不等式组来求向量 D 和实数 η:
$$\begin{cases} \nabla f^{(X^{(k)})^{\mathrm{T}}}D \leqslant \eta \\ -\nabla g_j^{(X^{(k)})^{\mathrm{T}}}D \leqslant \eta \\ \eta < 0 \end{cases}$$

现使$\nabla f(X^{(k)})^\mathrm{T}D$和$-\nabla g_j(X^{(k)})^\mathrm{T}D$(对于所有有效约束)的最大值$\eta$极小化(同时必须限制向量$D$的模),即可将上述选取搜索方向的工作转化为求解下述线性规划问题：

$$\min \eta$$
$$\begin{cases} \nabla f(X^{(k)})^\mathrm{T}D \leqslant \eta \\ -\nabla g_j(X^{(k)})^\mathrm{T}D \leqslant \eta \\ -1 \leqslant d_i < 1 (i=1,2,\cdots,n) \end{cases}$$

式中,$d_i(i=1,2,\cdots,n)$是向量D的各个分量,因D的模之大小对下一点$X^{(k+1)}$的位置确定无关紧要,起作用的仅是D的方向,故不妨设$-1\leqslant d_i\leqslant 1(i=1,2,\cdots,n)$.

上述线性规划含$n+1$个变量且恒有解($d_1=d_2=\cdots=d_n=\eta=0$,即为一个平凡的可行解)将其最优解记为$(D^{(k)},\eta_k)$,因零解使$z=0$,故必有$\min z=\eta_k\leqslant 0$.若$\eta_k<0$,

$$\begin{cases} \nabla f(X^{(k)})^\mathrm{T}D^{(k)} \leqslant \eta_k < 0 \\ -\nabla g_j(X^{(k)})^\mathrm{T}D^{(k)} \leqslant \eta_k < 0 \end{cases}$$

保证了$D^{(k)}\neq 0$,故确是可行下降方向,这就是$X^{(k)}$点处所要的搜索方向.

如果求得的$\eta_k=0$,说明在$X^{(k)}$点处不存在可行下降方向,在$\nabla g_j(X^{(k)})$线性独立的条件下,$X^{(k)}$点即为一个KKT点.

若单纯地把$X^{(k)}$限死在当前有效约束上会局限可行方向范围,而且无效约束有可能在迭代点附近,忽视无效约束的话也会影响寻优效率,从而产生拥塞和拉锯现象,导致局部收敛性.为此,Zoutendijk法构造约束公差带来扩充有效约束集.方法如下：

取一公差带厚度$\delta>0$,令：

$$A=\bigcup_{j=1}^{l}\{X\mid 0\leqslant g_j(X)\leqslant\delta\}$$
$$B=A\cap R$$
$$G=\{g_j(X)\mid 0\leqslant g_j(X)\leqslant\delta,1\leqslant j\leqslant l\}$$
$$J=\{j\mid g_j(X)\in G\}$$

称B为约束公差带,G为点X处的扩充有效约束集,J为对应的下标集.G中元素称为X处且在厚度δ下的扩充有效约束.因G,J均与X,δ有关,故应记作$G(X,\delta)$、$J(X,\delta)$.引进$\delta>0$,此法称摄动法.

例9.1 已知 $\begin{cases} g_1(X)=1-x_1^2-x_2^2\geqslant 0 \\ g_2(X)=x_1\geqslant 0 \\ g_3(X)=x_2\geqslant 0 \end{cases}$,$\delta=0.1,X_1=(0.95,0.05)^\mathrm{T},X_2=(0.5,0.5)^\mathrm{T},X_3=(0.05,0.5)^\mathrm{T}$.求$X_1,X_2,X_3$对应的$J$.

解：$J(X_1,\delta)=\{1,3\}$；$J(X_2,\delta)=\phi$；$J(X_3,\delta)=\{2\}$.

2. 算法步骤

(1) 选取初始点$X^{(0)}\in R$,厚度$\delta^{(0)}>0$,允许误差$\varepsilon_1,\varepsilon_2,\varepsilon_3>0$,令$k=0$.

(2) 确定下标集：

$$J(X^{(k)},\delta^{(k)})=\{j\mid 0\leqslant g_j(X^{(k)})\leqslant\delta^{(k)},1\leqslant j\leqslant l\}$$

（3）检验 $J(X^{(k)},\delta^{(k)})$：

① $J=\phi$.

当 $\|\nabla f(X^{(k)})\|\leqslant\varepsilon_1$，迭代停止，取 $X^{(k)}=X^*$.

当 $\|\nabla f(X^{(k)})\|>\varepsilon_1$，取 $D^{(k)}=-\nabla f(X^{(k)})$，转向（6）.

② $J\neq\varphi$，转向（4）.

因 $J=\varphi$，故 $X^{(k)}$ 是越出约束公差带的内点. 于是，当 $\|\nabla f(X^{(k)})\|\leqslant\varepsilon_1$，就取近似驻点 $X^{(k)}$ 为 X^*；当 $\|\nabla f(X^{(k)})\|>\varepsilon_1$，用一次最速下降法继续搜索.

（4）求线性规划：设 $D=(d_1,d_2,\cdots,d_n)^{\mathrm{T}}$，

$$\min z=\eta$$
$$\begin{cases}\nabla f(X^{(k)})^{\mathrm{T}}D-\eta\leqslant0\\-\nabla g_j(X^{(k)})^{\mathrm{T}}D-\eta\leqslant0,(j\in J)\\-1\leqslant d_i\leqslant1,(i=1,2,\cdots,n)\end{cases}$$

（5）判别 $\eta,\delta^{(k)}$：

① 当 $-\eta\leqslant\varepsilon_2,\delta^{(k)}\leqslant\varepsilon_3$，迭代停止，取 $X^{(k)}=X^*$；

② 否则，令：

$$\delta^{(k+1)}=\begin{cases}\delta^{(k)},\quad-\eta\geqslant\delta^{(k)}\\\dfrac{\delta^{(k)}}{2},\quad-\eta<\delta^{(k)}\end{cases}$$

转向（6）.

（6）求步长 λ_k：

$$\min f(X^{(k)}+\lambda D^{(k)})\quad(0<\lambda<\lambda_{\max})$$

其中，$\lambda_{\max}=\min\limits_{1\leqslant j\leqslant l}\max\limits_{\lambda}\{\lambda\,|\,g_j(X^{(k)}+\lambda D^{(k)})\geqslant0\}$.

（7）令 $X^{(k+1)}=X^{(k)}+\lambda_k D^{(k)}$，$k=k+1$，转向（2）.

例 9.2　讨论非线性规划.

$$\begin{cases}\min f(X)=x_1\\g(X)=1-x_1^2-x_2^2\geqslant0\end{cases}$$

解：（1）显见，$X^*=(-1,0)^{\mathrm{T}}$. 取 $X^{(0)}=(1,0)^{\mathrm{T}}$，$\hat X=(0,1)^{\mathrm{T}}$，以 $X^{(k+1)}$ 为圆弧 $\overparen{X^{(k)}\hat X}$ 之中点形成迭代序列，同时得可行下降方向 $D^{(k)}$. 此时，有 $\lim\limits_{k\to\infty}X^{(k)}=\hat X=(0,1)^{\mathrm{T}}\neq X^*$.

越接近 $\hat X$，步长 λ_k 越小，造成拥塞现象，失去全局收敛性.

（2）现在用可行方向法求 X^*. 取 $\delta^{(0)}=\varepsilon_1=\varepsilon_2=\varepsilon_3=0.1$，$X^{(0)}=(1,0)^{\mathrm{T}}$：

$$\nabla f(X)=\begin{bmatrix}1\\0\end{bmatrix},\quad\nabla g(X)=\begin{bmatrix}-2x_1\\-2x_2\end{bmatrix}$$

① $J\neq\phi$. 构建线性规划并将 $X^{(0)}$ 代入，得：

$$\min z = \xi$$

$$\begin{cases} d_1 - \xi \leqslant 0 \\ 2d_1 - \xi \leqslant 0 \\ -d_1 \leqslant 1 \\ d_1 \leqslant 1 \\ -d_2 \leqslant 1 \\ d_2 \leqslant 1 \end{cases}$$

求得最优解：$d_1 = -1, |d_2| \leqslant 1, \xi = -1$. 今取 $d_2 = 0$，得 $D^{(0)} = (-1, 0)^{\mathrm{T}}$.

因 $-\xi = 1 > \varepsilon_2 = 0.1 = \delta^{(0)}$，故继续搜索并保留带厚：$\delta^{(1)} = \delta^{(0)}$. 令：

$$X = X^{(0)} + \lambda D^{(0)} = \begin{bmatrix} 1 \\ 0 \end{bmatrix} + \lambda \begin{bmatrix} -1 \\ 0 \end{bmatrix} = \begin{bmatrix} 1-\lambda \\ 0 \end{bmatrix}$$

代入，得 $f(X) = 1 - \lambda$. 显见，$\lambda_0 = 2$，故 $X^{(1)} = (-1, 0)^{\mathrm{T}}$.

② $J \neq \phi$. 仿①得：

$$\min z = \xi$$

$$\begin{cases} d_1 - \xi \leqslant 0 \\ -2d_1 - \xi \leqslant 0 \\ -d_1 \leqslant 1 \\ d_1 \leqslant 1 \\ -d_2 \leqslant 1 \\ d_2 \leqslant 1 \end{cases}$$

得最优解：$d_1 = 0, |d_2| \leqslant 1, -\xi = 0$. 因 $-\xi = 0 \leqslant \varepsilon_2 = 0.1 = \delta^{(1)}$，故迭代停止，得 $X^* = X^{(1)} = (-1, 0)^{\mathrm{T}}$.

此例中，Zoutendijk 可行方向法更加有效. 但 Zoutendijk 法产生的迭代序列并不能保证一定收敛于 KKT 点. Topkis 和 Veinott 对算法进行了改进，把求方向的线性规划问题修正为：

$$\min z = \eta$$

$$\begin{cases} \nabla f(X^{(k)})^{\mathrm{T}} D - \eta \leqslant 0 \\ -\nabla g_j(X^{(k)})^{\mathrm{T}} D - \eta \leqslant g_j(X^{(k)}), (j = 1, 2, \cdots, m) \\ -1 \leqslant d_i \leqslant 1, (i = 1, 2, \cdots, n) \end{cases}$$

当某一约束是有效约束时，$g_j(X^{(k)}) = 0$，所以 $-\nabla g_j(X^{(k)})^{\mathrm{T}} D - \eta \leqslant 0$，与原来是统一的. 该规划与之前相比差别在于，原算法只有有效约束参与了方向的决定，而修正后所有的约束在确定搜索方向时都要起作用. 若 $g_j(X)$ 是连续函数，随着可行迭代点列的变化，逐渐靠近某一约束，使其由"无效约束"变为"有效约束"时，不至于发生方向突然改变. 更为重要的是，Topkis-Veinott 修正使得算法在一些情况下具有了全局收敛性.

9.1.2 既约梯度法

1963 年，Wolfe 将线性规划的单纯形法推广到具有线性约束的非线性规划问题中,提出了产生可行下降方向的另一类方法,称为既约梯度法(Reduced Gradient Method). 在每一次迭代中都通过当前点的有效约束消去一部分变量,从而降低优化问题的维数,同时产生一个下降可行方向.

1. 基本原理

考虑线性约束优化问题:

$$\min f(X)$$
$$\text{s. t. } \begin{cases} AX = b \\ X \geqslant 0 \end{cases}$$

其中,$f : R^n \to R^1$,是非线性目标函数;A 为 $m \times n$ 矩阵($m < n$),秩为 m,进一步假设 A 的任意 m 列均是线性无关的,且每个基本可行解均有 m 个正分量,也就是可行域的每个极点都是非退化的.

与线性规划类似,设 X 是问题的一个可行解,将矩阵 A 和向量 X 做相应分解:

$$A = (B, N), X = \begin{bmatrix} X_B \\ X_N \end{bmatrix}$$

其中,B 为 $m \times m$ 的可逆矩阵(基矩阵);X_B 为 m 维的基向量;X_N 为 $n - m$ 维的非基向量,并由假设知 $X_B > 0$,知 X 为非退化的可行解.

当 B 为可逆矩阵时,问题的线性约束方程组可化为 $BX_B + NX_N = b$,有 $X_B = B^{-1}b - B^{-1}NX_N$,代入目标函数,得到仅有以 X_N 为自变量的函数:

$$F(X_N) = f(X_B, X_N) = f(X_B(X_N), X_N)$$

将问题简化为仅在非负限制下的极小化问题:

$$\min F(X_N)$$
$$\text{s. t. } \begin{cases} X_B = B^{-1}b - B^{-1}NX_N \geqslant 0 \\ X_N \geqslant 0 \end{cases}$$

该问题是一个 $n - m$ 维问题,维数比原问题低,且除非负约束外不带其他约束条件. 求出目标函数 $F(X_N)$ 的梯度,此时的梯度是 $n - m$ 维函数的梯度,称为 $f(X)$ 的既约梯度.

$$r(X_N) = \nabla F(X_N) = \nabla_{X_N} f(X_B(X_N), X_N) - (B^{-1}N)^{\mathrm{T}} \nabla_{X_B} f(X_B(X_N), X_N)$$

X_N 沿负既约梯度方向 $-r(X_N)$ 移动,可使目标函数值降低.

按 $X = \begin{bmatrix} X_B \\ X_N \end{bmatrix}$ 的分解方式,将 D 分解为 $D = \begin{bmatrix} D_B \\ D_N \end{bmatrix}$.

为使目标函数值下降,$D_N^{(k)}$ 可取负既约梯度方向. 但简单地取 $D_N = -r(X_N)$,若某一分量 $X_{N_j} = 0$ 且 $r_j(X_N) > 0$,则沿负既约梯度方向将使 $X_{N_j} - \lambda r_j(X_N) < 0 (\lambda > 0)$,破坏了可行性,为此,Wolfe 最早采用如下修正:

$$D_{N_j} = \begin{cases} 0, & \text{当 } X_{N_j} = 0 \text{ 且 } r_j(X_N) > 0 \\ -r_j(X_N), & \text{其他情形} \end{cases}$$

进一步修正:

$$D_{N_j}=\begin{cases}-X_{N_j}r_j(X_N), & \text{当 } r_j(X_N)>0 \\ -r_j(X_N), & \text{当 } r_j(X_N)\leqslant 0\end{cases}$$

定义好 D_{N_j} 后，为得到可行方向，由于 $AD=0$ 可化为 $BD_B+ND_N=0$，则：

$$D_B=-B^{-1}ND_N$$

从而构造的非零向量 $D=\begin{bmatrix}-B^{-1}ND_N\\D_N\end{bmatrix}$ 作为搜索方向.

2. 算法步骤

(1) 选初始可行点 $X^{(0)}$，允许误差 $\varepsilon>0$，令 $k=0$.

(2) 对矩阵 A 进行分解，记下标集：

$$J_k=\{j\,|\,X_j^{(k)} \text{ 是 } X^{(k)} \text{ 最大的 } m \text{ 个分量之一}\}$$

令 B_k 是由下标属于 J_k 的 A 的列构成的 $m\times m$ 阶.

(3) 求 $r(X_N^{(k)})$，并由 $D_{N_j}=\begin{cases}-X_{N_j}r_j(X_N^{(k)}), & \text{当 } r_j(X_N^{(k)})>0 \\ -r_j(X_N^{(k)}), & \text{当 } r_j(X_N^{(k)})\leqslant 0\end{cases}$ 和 $D_B=-B_k^{-1}ND_N$，求

出搜索方向 $D^{(k)}=\begin{bmatrix}-B_k^{-1}ND_N\\D_N\end{bmatrix}$.

(可以证明若 $D^{(k)}\neq 0$，则 $D^{(k)}$ 是下降可行方向；若 $D^{(k)}=0$，则 $X^{(k)}$ 为 KKT 点)

(4) 若 $\|D^{(k)}\|\leqslant\varepsilon$，则停止计算，$X^{(k)}$ 为最优解；否则，转(5).

(5) 求 $\lambda_{\max}^{(k)}$，迭代需保证 $X_j^{(k+1)}=X_j^{(k)}+\lambda D_j^{(k)}\geqslant 0,j=1,\cdots,n$.

当 $D_j^{(k)}\geqslant 0$ 时上式恒成立，当 $D_j^{(k)}<0$ 时，应有 $\lambda\leqslant\dfrac{X_j^{(k)}}{-D_j^{(k)}}$，则令：

$$\lambda_{\max}^{(k)}=\begin{cases}\infty, & \text{当 } D^{(k)}\geqslant 0 \\ \min\left\{-\dfrac{X_j^{(k)}}{D_j^{(k)}}\,\Big|\,D_j^{(k)}<0\right\}, & \text{其他情形}\end{cases}$$

再进行一维搜索求出 $\lambda^{(k)}$：

$$\min_{0\leqslant\lambda\leqslant\lambda_{\max}}f(X^{(k)}+\lambda D^{(k)})=f(X^{(k)}+\lambda^{(k)}D^{(k)})$$

令 $X^{(k+1)}=X^{(k)}+\lambda^{(k)}D^{(k)}\geqslant 0,k=k+1$，转(2).

例 9.3 用既约梯度法求解下述问题：

$$\min f(X)=x_1^2+4x_2^2$$

$$\text{s. t.}\begin{cases}x_1+2x_2\geqslant 1\\-x_1+x_2\leqslant 0\\x_1,x_2\geqslant 0\end{cases}$$

已知 $X^{(0)}=\begin{bmatrix}1\\1\end{bmatrix}$，$\varepsilon=10^{-6}$

解：首先将问题化为

$$\min f(X)=x_1^2+4x_2^2$$

$$\text{s. t.}\begin{cases}x_1+2x_2-x_3=1\\-x_1+x_2+x_4=0\\x_1,x_2,x_3,x_4\geqslant 0\end{cases}$$

则 $X^{(0)}=(1,1,2,0)^{\mathrm{T}},\nabla f(X)=(2x_1,8x_2,0,0)^{\mathrm{T}}.$

第一轮迭代,有 $J_0=\{1,3\}$,故矩阵 $A=\begin{bmatrix}1&2&-1&0\\-1&1&0&1\end{bmatrix}$ 的相应分解为 $B_0=$

$\begin{bmatrix}1&-1\\-1&0\end{bmatrix},N_0=\begin{bmatrix}2&0\\1&1\end{bmatrix}.$

$\nabla f(X^{(0)})=(2,8,0,0)^{\mathrm{T}}$,据此可求得 $X^{(0)}$ 点的既约梯度:

$$r(X_N^{(0)})=-(B_0^{-1}N_0)^{\mathrm{T}}\nabla_B f(X^{(0)})+\nabla_N f(X^{(0)})$$

$$=-\left[\begin{bmatrix}1&-1\\-1&0\end{bmatrix}^{-1}\begin{bmatrix}2&0\\1&1\end{bmatrix}\right]^r\begin{bmatrix}2\\0\end{bmatrix}+\begin{bmatrix}8\\0\end{bmatrix}$$

$$=\begin{bmatrix}10\\2\end{bmatrix}.$$

由公式有:

$$D_N^{(0)}=\begin{bmatrix}-10\\0\end{bmatrix},D_B^{(0)}=-B_0^{-1}N_0D_N^{(0)}=-\begin{bmatrix}1&-1\\-1&0\end{bmatrix}^{-1}\begin{bmatrix}2&0\\1&1\end{bmatrix}\begin{bmatrix}-10\\0\end{bmatrix}=\begin{bmatrix}-10\\-30\end{bmatrix}$$ 因

此得到可行下降方向:

$$D^{(0)}=(-10,-10,-30,0)^{\mathrm{T}}$$

由于 $\|D^{(0)}\|>10^{-6}$,要沿 $D^{(0)}$ 进行有效一维搜索,根据公式确定:

$$\lambda_{\max}^{(0)}=\min\left\{\frac{1}{10},\frac{1}{10},\frac{2}{30}\right\}=\frac{1}{15}$$

求解

$$\min_{0\leqslant\lambda^{(0)}\leqslant\frac{1}{15}}f(X^{(0)}+\lambda D^{(0)})=(1-10\lambda)^2+4(1-10\lambda)^2$$

得最优解 $\lambda^{(0)}=\frac{1}{15}$,于是得到下一个迭代点:

$$X^{(1)}=X^{(0)}+\lambda^{(0)}D^{(0)}=(1,1,2,0)^{\mathrm{T}}+\frac{1}{15}(-10,-10,-30,0)^{\mathrm{T}}=\left(\frac{1}{3},\frac{1}{3},0,0\right)$$

第二轮迭代,对于 $X^{(1)}$ 有 $J_1=\{1,2\}$,对矩阵 A 的分解为:

$$B_1=\begin{bmatrix}1&2\\-1&1\end{bmatrix},N_1=\begin{bmatrix}-1&0\\0&1\end{bmatrix}$$

由 $\nabla f(X^{(1)})=\left(\frac{2}{3},\frac{8}{3},0,0\right)^{\mathrm{T}}$ 得到既约梯度:

$$r(X_N^{(1)})=-\left[\begin{bmatrix}1&2\\-1&1\end{bmatrix}^{-1}\begin{bmatrix}-1&0\\0&1\end{bmatrix}\right]\begin{bmatrix}\frac{2}{3}\\\frac{8}{3}\end{bmatrix}+\begin{bmatrix}0\\0\end{bmatrix}=\begin{bmatrix}\frac{14}{9}\\-\frac{10}{9}\end{bmatrix}$$

得到 $D_N^{(1)} = \begin{bmatrix} 0 \\ \dfrac{10}{9} \end{bmatrix}$，$D_B^{(1)} = -B_1^{-1}N_1 D_N^{(1)} = -\begin{bmatrix} 1 & 2 \\ -1 & 1 \end{bmatrix}^{-1}\begin{bmatrix} -1 & 0 \\ 0 & 1 \end{bmatrix}\begin{bmatrix} 0 \\ \dfrac{10}{9} \end{bmatrix} = \begin{bmatrix} \dfrac{20}{27} \\ -\dfrac{10}{27} \end{bmatrix}$.

所以，可行下降方向为 $D^{(1)} = \left(\dfrac{20}{27}, -\dfrac{10}{27}, 0, \dfrac{10}{9}\right)^{\mathrm{T}}$.

由于 $\| D^{(1)} \| > 10^{-6}$，为计算简便，不妨重取 $D^{(1)}$ 为 $(2,-1,0,3)^{\mathrm{T}}$，计算 $\lambda_{\max}^{(1)} = \min\left\{\dfrac{1}{3}\atop 1\right\} = \dfrac{1}{3}$.

求解 $\min\limits_{0 \leqslant \lambda^{(1)} \leqslant \frac{1}{3}} f(X^{(1)}+\lambda D^{(1)}) = (1-10\lambda)^2 + 4(1-10\lambda)^2$，求得 $\lambda^{(1)} = \dfrac{1}{12}$，所以：

$$X^{(2)} = X^{(1)} + \lambda^{(1)}D^{(1)} = \left(\dfrac{1}{3}, \dfrac{1}{3}, 0, 0\right)^{\mathrm{T}} + \dfrac{1}{12}(2,-1,0,3)^{\mathrm{T}}$$
$$= \left(\dfrac{1}{2}, \dfrac{1}{4}, 0, \dfrac{1}{4}\right)^{\mathrm{T}}$$

第三轮迭代，对于 $X^{(2)}$ 仍有 $J_2 = \{1,2\}$，类似以上的计算可得到：
$D^{(2)} = (0,0,0,0)^{\mathrm{T}}$

$\| D^{(2)} \| = 0$，由定理知，$X^{(2)} = \left(\dfrac{1}{2}, \dfrac{1}{4}, 0, \dfrac{1}{4}\right)^{\mathrm{T}}$ 是问题的 KKT 点，易证问题是一个凸规划，因此求得的 $X^{(2)}$ 为其整体最优解，故原问题的整体最优解为 $x^* = \left(\dfrac{1}{2}, \dfrac{1}{4}\right)^{\mathrm{T}}$.

1969 年 Abadie 和 Carpentier 把 Wolfe 既约梯度法推广于求解带非线性等式约束的情形，提出了著名的 GRG 法（Generalized Reduced Gradient Method，广义既约梯度法），成为求解约束非线性最优化问题的最有效的方法之一.

9.1.3 投影梯度法

1. 基本原理

对无约束极值问题，目标函数的最速下降方向是负梯度方向. 而对于约束极值问题，若负梯度方向是可行方向，则它就是一个下降可行方向；若梯度方向不是可行方向，则可考虑将负梯度方向投影到可行方向上，这种想法就形成了投影梯度法的基本思想.

考虑有线性约束的优化问题：
$$\min f(X)$$
$$\text{s. t.} \begin{cases} AX \geqslant b \\ CX = c \end{cases}$$

其中，$f(X)$ 为可微函数；A 为 $m \times n$ 矩阵；C 为 $1 \times n$ 矩阵.

定义 9.2 若 $n \times n$ 阶矩阵 P 满足 $P^{\mathrm{T}} = P$ 且 $PP = P$，则称 P 为投影矩阵.

定理 9.3 设 P 为 $n \times n$ 阶矩阵，则有下述结论成立：

(1) 若 P 是投影矩阵，则 P 为半正定矩阵；

（2）P 是投影矩阵的充分必要条件为：$I-P$ 为投影矩阵；

（3）设 P 是投影矩阵，令 $Q=I-P$，并记 $L=\{PX\,|\,X\in E^n\}$，$L^\perp=\{QX\,|\,X\in E^n\}$，则 L 和 $L^\perp$ 是正交的线性空间，且任一点 $X\in E^n$，可唯一地表示成 $X=p+q$，其中，$p\in L$，$q\in L^\perp$.

定理 9.4　X 为问题的可行解，做以下分解：

$$A=\begin{bmatrix} A_1 \\ A_2 \end{bmatrix},\ b=\begin{bmatrix} b_1 \\ b_2 \end{bmatrix}$$

其中，$A_1 X=b_1$，$A_2 X>b_2$. 记 $M=\begin{bmatrix} A_1 \\ C \end{bmatrix}$ 为 X 处有效约束的系数矩阵，又设 M 为行满秩矩阵，记投影矩阵 $P=I-M^{\mathrm{T}}(MM^{\mathrm{T}})^{-1}M$，若 $P\,\nabla f(X)\neq 0$，则 $D=-P\,\nabla f(X)$ 是点 X 处的可行下降方向.

上述定理说明，在 $P\,\nabla f(X)\neq 0$ 的条件下，可给出用投影求可行下降方向的一种方法. 如果 $P\,\nabla f(X)=0$，则或者 X 为 KKT 点，或者可重新构造投影矩阵来求可行下降方向.

定理 9.5　设 X 为问题的可行解，做以下分解：

$$A=\begin{bmatrix} A_1 \\ A_2 \end{bmatrix},\ b=\begin{bmatrix} b_1 \\ b_2 \end{bmatrix}$$

其中，$A_1 X=b_1$，$A_2 X>b_2$. 记 $M=\begin{bmatrix} A_1 \\ C \end{bmatrix}$，又设 M 为行满秩矩阵，并记 $P=I-M^{\mathrm{T}}(MM^{\mathrm{T}})^{-1}M$，$W=(MM^{\mathrm{T}})^{-1}M\,\nabla f(X)=\begin{bmatrix} u \\ v \end{bmatrix}$，其中，$u$ 和 v 分别对应于 A_1 和 C. 设 $P\,\nabla f(X)=0$，则：

（1）若 $u\geqslant 0$，则 X 为 KKT 点；

（2）若 u 中含有负分量，不妨设 $u_i<0$，这时从 A_1 中去掉 u_i 所对应的行，得到 $\overline{A}_1$，记：

$$\overline{M}=\begin{bmatrix} \overline{A}_1 \\ C \end{bmatrix},\ \overline{P}=I-\overline{M}^{\mathrm{T}}(\overline{M}\,\overline{M}^{\mathrm{T}})^{-1}\overline{M},\ D=-\overline{P}\,\nabla f(X)$$

则 D 为 X 点的可行下降方向.

2. 算法步骤

（1）选初始可行点 $X^{(0)}$，令 $k=0$.

（2）在 $X^{(k)}$ 处作以下分解：

$$A=\begin{bmatrix} A_1 \\ A_2 \end{bmatrix},\ b=\begin{bmatrix} b_1 \\ b_2 \end{bmatrix}$$

其中，$A_1 X=b_1$，$A_2 X>b_2$.

（3）记 $M=\begin{bmatrix} A_1 \\ C \end{bmatrix}$，若 M 为空，则令 $P=I$（单位阵）；否则，令 $P=I-M^{\mathrm{T}}$

$(MM^T)^{-1}M.$

(4) 构造可行下降方向,令 $D^{(k)} = -P\nabla f(X^{(k)})$. 若 $D^{(k)} \neq 0$,则转(6);否则,转(5).

(5) 若 M 为空,则停止计算,得到 $X^{(k)}$;否则,令 $W = (MM^T)^{-1}M\nabla f(X) = \begin{pmatrix} u \\ v \end{pmatrix}$.

① 若 $u \geq 0$,则停止计算,$X^{(k)}$ 为 KKT 点;

② 若 u 中含负分量,不妨设 $u_i < 0$,从 A_1 中去掉 u_i 所对应的行,得 $\overline{A}_1$,转(3).

(6) 进行一维搜索,求 λ_k,并计算 $\overline{b} = b_2 - A_2 X^{(k)}$,$\overline{D} = A_2 D^{(k)}$,

$$\min_{0 \leq k \leq \bar{\lambda}} f(X^{(k)} + \lambda D^{(k)}) = f(X^{(k)} + \lambda_k D^{(k)})$$

其中,当 $\overline{D}$ 不大于 0 时,$\bar{\lambda} = \min_j \left\{ \frac{\overline{b}_j}{\overline{d}_j} \middle| \overline{d}_j < 0 \right\}$;当 $\overline{D} \geq 0$ 时,$\bar{\lambda}$ 取 ∞;令 $X^{(k+1)} = X^{(k)} + \lambda_k D^{(k)}$,$k := k+1$,转(2).

投影梯度法的实际应用效果较好,但有时它的收敛性能是不令人满意的,下面的例子说明了这个问题.

例 9.4 用投影梯度法求解问题.

$$\min x_1^2 + 2x_2^2 + (x_3 - 1)^2$$
$$\text{s. t. } x_3 \geq 0$$

解:记 $A = (0, 0, -1)$,取 $X^{(0)} = (2, 1, 0)^T$,则 $M = A$,$\nabla f(X^{(0)}) = 4, 4, -2^T$.

$$P = I - M^T(MM^T)^{-1}M = \begin{pmatrix} 1 & 0 & 0 \\ 0 & 1 & 0 \\ 0 & 0 & 0 \end{pmatrix}, -P\nabla f(X^{(0)}) = (-4, -4, 0)^T = D^{(0)},$$ 由一

维搜索求得 $X^{(1)} = \left(\frac{2}{3}, \frac{-1}{3}, 0 \right)^T$,可以证明对一般 k,$X^{(k)} = \left(\frac{2}{3^k}, \frac{(-1)^k}{3^k}, 0 \right)^T$,显然 $X^{(k)} \to (0, 0, 0)^T$,而原问题的解显然是 $(0, 0, 1)^T$,此即说明 $\{X^{(k)}\}$ 的聚点不是问题的解.

9.2 线性规划逼近法

由于解线性规划问题存在极为有效的单纯形法.如果能把非线性规划转化为线性规划来求解,从而可充分利用单纯形法的威力,不失为是一条值得探索的途径.非线性函数线性化是通过一阶 Taylor 公式来实现的,这本身就是一种近似.因此,这类方法的有效性通常局限于所取点的某个领域中.

9.2.1 Frank-Wolfe 法

1956 年,Frank 和 Wolfe 提出了一种求解线性约束问题的算法,其基本思想是将目标函数做线性近似,通过求解线性规划求得可行下降方向,并沿该方向在可行域内做一维搜索,以其最优解作为原问题的一个近似解,如此重复迭代,当满足某一收敛准则时,就得到原非线性规划的近似最优解.

1. 基本原理

（1）确定搜索方向.

$$\min f(X)$$
$$\text{s. t. } X \in R = \{X \mid AX \geqslant b, X \geqslant 0\}$$

其中，$A = [a_{ij}]_{m \times n}$，$A$ 为行满秩矩阵，$b = [b_j]_{m \times 1}$，$R \subset E^n$，并设非线性函数 $f(X)$ 一阶连续可微，以 V 表示 R 的顶点集.

假设当前迭代点初始点 $X^{(k)} \in V$，在 $X^{(k)}$ 做近似线性化，也就是做一阶 Taylor 展开：

$$f(X) \approx f(X^{(k)}) + \nabla f(X^{(k)})^{\mathrm{T}}(X - X^{(k)})$$

令 $\bar{f}(X) = f(X^{(k)}) + \nabla f(X^{(k)})^{\mathrm{T}}(X - X^{(k)})$，

求解下面的线性规划以确定搜索方向：

$$\min \bar{f}(X)$$
$$\text{s. t. } X \in R$$

因略去常数项不影响求极值点，故可改为求线性规划：

$$\min \nabla f(X^{(k)})^{\mathrm{T}} X$$
$$\text{s. t. } X \in R$$

用单纯形法（或其他方法）求得该线性规划最优解 $\overline{X}^{(k)} \in V$，可分两种情形：

① $\nabla f(X^{(k)})^{\mathrm{T}}(\overline{X}^{(k)} - X^{(k)}) = 0$，则 $\nabla f(X^{(k)}) = 0$ 或 $\overline{X}^{(k)} = X^{(k)}$，有 $\bar{f}(\overline{X}^{(k)}) = \bar{f}(X^{(k)}) = f(X^{(k)})$，取 $X^* = X^{(k)}$，$X^{(k)}$ 为原规划问题的 KKT 点；

② $\nabla f(X^{(k)})^{\mathrm{T}}(\overline{X}^{(k)} - X^{(k)}) \neq 0$ 时，$\overline{X}^{(k)} \neq X^{(k)}$. 因为 $\overline{X}^{(k)}$ 是线性规划的最优解，$\nabla f(X^{(k)})^{\mathrm{T}} \overline{X}^{(k)} < \nabla f(X^{(k)})^{\mathrm{T}} X^{(k)}$ 成立，所以 $\nabla f(X^{(k)})^{\mathrm{T}}(\overline{X}^{(k)} - X^{(k)}) < 0$，因而 $D^{(k)} = \overline{X}^{(k)} - X^{(k)}$ 是 $X^{(k)}$ 点处的下降方向；又因为 $\overline{X}^{(k)}$ 和 $X^{(k)}$ 都是凸集上的点，所以 $D^{(k)}$ 也是 $X^{(k)}$ 点处的可行方向.

（2）确定步长.

解一维极值问题：$\min f(X^{(k)} + \lambda(\overline{X}^{(k)} - X^{(k)}))$，$0 \leqslant \lambda \leqslant 1$.

求出最优步长 λ_k，令 $X^{(k+1)} = X^{(k)} + \lambda_k(\overline{X}^{(k)} - X^{(k)})$（见图 9.1）.

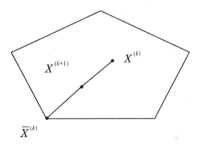

图 9.1

2. 算法步骤

（1）取 $X^{(0)} \in V$，$\varepsilon > 0$，$k = 0$.

（2）求线性规划 $\begin{cases} \min \nabla f(X^{(k)})^{\mathrm{T}} X \\ X \in R = \{X \mid AX \geqslant b, X \geqslant 0\} \end{cases}$，得最优解 $\overline{X}^{(k)} \in V$.

（3）当 $|\nabla f(X^{(k)})^{\mathrm{T}}(\overline{X}^{(k)} - X^{(k)})| \leqslant \varepsilon$，迭代停止，取 $X^* = X^{(k)}$；否则，转（4）.

（4）求一维极值：$\min\limits_{0 < \lambda \leqslant 1} f(X^{(k)} + \lambda(\overline{X}^{(k)} - X^{(k)}))$，得最优步长 λ_k.

（5）令 $X^{(k+1)} = X^{(k)} + \lambda_k(\overline{X}^{(k)} - X^{(k)})$，$k := k+1$，转（2）.

定理 9.6 对于问题 $\begin{aligned} & \min f(X) \\ & \text{s. t.} \quad X \in R = \{X \mid AX \geqslant b, X \geqslant 0\} \end{aligned}$，若对任一迭代点 $X^{(k)}$，$\begin{aligned} & \min \nabla f(X^{(k)})^{\mathrm{T}} X \\ & \text{s. t.} \quad X \in R \end{aligned}$ 均有解，则或在有限步后，由于 $X^{(k)} = \overline{X}^{(k)}$ 而停止迭代，得到原规划的 KKT 点 $X^* = X^{(k)}$；或者得到有界点列 $\{X^{(k)}\}$，且其极限点 X^* 为原规划的 KKT 点.

例 9.5 用 Frank-Wolfe 法求解问题 $\begin{aligned} & \min f(X) = (x_1 - 1)^2 + (x_2 - 1)^2 \\ & \text{s. t.} \quad \begin{cases} 0 \leqslant x_1 \leqslant 2 \\ 0 \leqslant x_2 \leqslant 1 \end{cases} \end{aligned}$，初始点 $X^{(0)} = (0, 0)^{\mathrm{T}}$.

解：$\nabla f(X) = \begin{bmatrix} 2(x_1 - 1) \\ 2(x_2 - 1) \end{bmatrix}$，$\nabla f(X^{(0)}) = \begin{bmatrix} -2 \\ -2 \end{bmatrix}$，求解 $X^{(0)}$ 处的下降可行方向，建立线性规划模型：

$$\min -2x_1 - 2x_2$$
$$\text{s. t.} \begin{cases} 0 \leqslant x_1 \leqslant 2 \\ 0 \leqslant x_2 \leqslant 1 \end{cases}$$

解得 $\overline{X}^{(0)} = (2, 1)^{\mathrm{T}}$，$D^{(0)} = \overline{X}^{(0)} - X^{(0)} = (2, 1)^{\mathrm{T}}$

$|\nabla f(X^{(0)})^{\mathrm{T}}(\overline{X}^{(0)} - X^{(0)})| = 6$

$\min\limits_{0 \leqslant \lambda \leqslant 1} f(X^{(0)} + \lambda(\overline{X}^{(0)} - X^{(0)})) = \min\limits_{0 \leqslant \lambda \leqslant 1} [(2\lambda - 1)^2 + (\lambda - 1)^2]$，解得 $\lambda_0 = \dfrac{3}{5}$.

令 $X^{(1)} = X^{(0)} + \lambda_0 D^{(0)} = \left(\dfrac{6}{5}, \dfrac{3}{5}\right)^{\mathrm{T}}$，以 $X^{(1)}$ 替代 $X^{(0)}$，重复这个过程，得 $\overline{X}^{(1)} = (0, 1)^{\mathrm{T}}$，$|\nabla f(X^{(1)})^{\mathrm{T}}(\overline{X}^{(1)} - X^{(1)})| = \dfrac{4}{5}$，$X^{(2)} = \left(\dfrac{9}{10}, \dfrac{7}{10}\right)^{\mathrm{T}}$，再以 $X^{(2)}$ 替代 $X^{(1)}$，重复这个过程，得 $\overline{X}^{(2)} = (2, 1)^{\mathrm{T}}$，$|\nabla f(X^{(1)})^{\mathrm{T}}(\overline{X}^{(1)} - X^{(1)})| = \dfrac{2}{5}$，$X^{(3)} = \left(\dfrac{139}{130}, \dfrac{97}{130}\right)^{\mathrm{T}}$.

继续上述步骤，当 $|\nabla f(X^{(k)})^{\mathrm{T}}(\overline{X}^{(k)} - X^{(k)})| > \varepsilon$ 时，可得 $\overline{X}^{(k)}$ 交替取值，$\overline{X}^{(0)} = \overline{X}^{(2)} = \cdots = (2, 1)^{\mathrm{T}}$，$\overline{X}^{(1)} = \overline{X}^{(3)} = \cdots = (0, 1)^{\mathrm{T}}$.

如图 9.2 所示，对应的点列 $X^{(1)}, X^{(2)}, X^{(3)}, \cdots$ 慢慢收敛于极小点 $X^* = (1, 1)^{\mathrm{T}}$.

从上例中可以看出在每次迭代中，搜

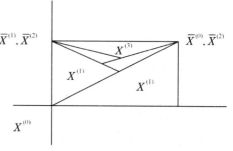

图 9.2

索方向总是指向可行域的某一个极点,并且当迭代点接近最优解时,搜索方向与目标函数的梯度趋于正交,因此可能导致算法的收敛速度变慢.

但其优点也比较明显,将非线性规划转化为一系列线性规划问题,且这些线性规划有相同的约束条件,因而可行域相同,求解过程较为简单.

9.2.2 序列线性规划法

1. 基本原理

显然,对于含有非线性约束的规划问题,有可能也可以借助类似于 Frank-Wolfe 法的思路进行处理,1961 年 Griffith 和 Stewart 提出的序列线性规划法,正是这样的处理方式.

设 $f(X),g_j(X)(j=1,2,\cdots,l)$ 一阶连续可导. 考察:

$$\begin{cases} \min f(X) \\ X\in R=\{X\mid g_j(X)\geqslant 0,j=1,2,\cdots,l\} \end{cases}$$

$g_j(X)(j=1,2,\cdots,l)$ 中至少有一个约束为非线性函数. 算法的主要思路如下:

对于一个可行迭代点 $X^{(k)}\in R$,在 $X^{(k)}$ 处对 $f(X),g_j(X)(j=1,2,\cdots,l)$ 做一阶 Taylor 展开:

$$f(X)\approx f(X^{(k)})+\nabla f(X^{(k)})^{\mathrm{T}}(X-X^{(k)})=\bar{f}(X)$$

$$g_j(X)\approx g_j(X^{(k)})+\nabla g_j(X^{(k)})^{\mathrm{T}}(X-X^{(k)})=\bar{g}_j(X)$$

(1) 当 $\nabla f(X^{(k)})=0,X^{(k)}$ 为驻点,取 $X^*=X^{(k)}$.

(2) 当 $\nabla f(X^{(k)})\neq 0$,求线性规划.

$$\begin{cases} \min \bar{f}(X) \\ X\in\bar{R}=\{X\mid\bar{g}_j(X)\geqslant 0,j=1,2,\cdots,l\} \end{cases}$$

因略去常数项不影响求极小值点,故可改为求线性规划:

$$\begin{cases} \min \nabla f(X^{(k)})^{\mathrm{T}}X \\ X\in\bar{R} \end{cases}$$

用单纯形法(或其他方法)求得其最优解 $\bar{X}^{(k)}\in\bar{R}$,然后再进行判断和迭代.

2. 算法步骤

(1) 取 $X^{(0)}\in R,\Delta^{(0)}\geqslant 0,k>0$.

(2) 求线性规划:

$$\begin{cases} \min \nabla f(X^{(k)})^{\mathrm{T}}X \\ X\in\bar{R}=\{X\mid\bar{g}_j(X)\geqslant 0\} \end{cases}$$

得最优解 $\bar{X}^{(k)}\in\bar{R}$.

(3) 确定 $X^{(k+1)}$:

① 当 $\bar{X}^{(k)}\in R$,取 $X^{(k+1)}=\bar{X}^{(k)}$.

② 当 $\bar{X}^{(k)}\notin R$,取

$$x_i^{(k+1)} = \begin{cases} x_i^{(k)} + \delta_i^{(k)}, & \overline{x}_i^{(k)} > x_i^{(k)} \\ x_i^{(k)}, & \overline{x}_i^{(k)} = x_i^{(k)} \\ x_i^{(k)} - \delta_i^{(k)}, & \overline{x}_i^{(k)} < x_i^{(k)} \end{cases}$$

当 $X^{(k+1)} \in R$，取 $\Delta^{(k+1)} = \Delta^{(k)}$，$k := k+1$；否则，缩小 $\Delta^{(k)}$，重定 $X^{(k+1)}$.

(4) 检验.

当 $\delta_i^{(k)} \leqslant \varepsilon (i=1,2,\cdots,n)$，迭代停止，取 $X^{(k)} = X^*$；否则，转向(2).

大量计算实践表明了这个算法对一般的非线性规划通常是收敛的. δ_i 的取值对算法的成功与否影响很大：δ_i 太小，进展缓慢；δ_i 过大，迭代点越出 R. 此外，随着迭代的进行，δ_i 值将趋向于零.

例 9.6 讨论非线性规划.

$$\min f(X) = x_1^2 + x_2^2 - 16x_1 - 10x_2$$

$$\text{s. t.} \begin{cases} g_1(X) = 11 - x_1^2 + 6x_2^2 - 4x_2 \geqslant 0 \\ g_2(X) = 1 + x_1x_2 - 3x_2 - e^{(x_1-3)} \geqslant 0 \\ g_3(X) = x_1 \geqslant 0 \\ g_4(X) = x_2 \geqslant 0 \end{cases}$$

解：$g_1(X)$ 和 $g_2(X)$ 为非线性的约束. 易得：

$$f(X) = (x_1-8)^2 + (x_2-5)^2 - 89$$

$$\nabla f(X) = \begin{pmatrix} 2x_1-16 \\ 2x_2-10 \end{pmatrix}, \nabla g_1(X) = \begin{pmatrix} -2x_1+6 \\ -4 \end{pmatrix}, \nabla g_2(X) = \begin{pmatrix} x_2-e^{(x_1-3)} \\ x_1-3 \end{pmatrix}$$

(1) 取 $X^{(0)} = (4,3)^{\mathrm{T}} \in R$，求：

$$\min(-8,-4)\begin{pmatrix} x_1 \\ x_2 \end{pmatrix}$$

$$\begin{cases} \overline{g}_1(X) = -2x_1 - 4x_2 + 27 \geqslant 0 \\ \overline{g}_2(X) = 0.28x_1 + x_2 - 2.84 \geqslant 0 \\ \overline{g}_3(X) = x_1 \geqslant 0 \\ \overline{g}_4(X) = x_2 \geqslant 0 \end{cases}$$

得 $\overline{X}^{(0)} = (13.5,0)^{\mathrm{T}} \notin R$，取 $\Delta^{(0)} = (0.5,0.5)^{\mathrm{T}}$：

$$\begin{cases} x_1^{(1)} = x_1^{(0)} + \delta_1^{(0)} = 4.5 \\ x_2^{(1)} = x_2^{(0)} - \delta_2^{(0)} = 2.5 \end{cases}$$

(2) 有 $X^{(1)} = (4.5,2.5)^{\mathrm{T}} \in R$，求：

$$\min(-7,-5)\begin{pmatrix} x_1 \\ x_2 \end{pmatrix}$$

$$\begin{cases} \overline{g}_1(X) = 31.3 - 3x_1 - 4x_2 \geqslant 0 \\ \overline{g}_2(X) = 5.43 - 1.98x_1 + 1.5x_2 \geqslant 0 \\ \overline{g}_3(X) = x_1 \geqslant 0 \\ \overline{g}_4(X) = x_2 \geqslant 0 \end{cases}$$

得 $\overline{X}^{(1)}=(5.53,3.68)^{\mathrm{T}}\notin R$, 取 $\Delta^{(1)}=\Delta^{(0)}$:

$$\begin{cases} x_1^{(2)}=x_1^{(1)}+\delta_1^{(1)}=5 \\ x_2^{(2)}=x_2^{(2)}+\delta_2^{(2)}=3 \end{cases}$$

得 $X^{(2)}=(5,3)^{\mathrm{T}}\notin R$, 缩小 $\Delta^{(1)}$. 令 $\Delta^{(1)}=0.5\Delta^{(0)}=(0.25,0.25)^{\mathrm{T}}$:

$$\begin{cases} x_1^{(2)}=x_1^{(1)}+0.25=4.75 \\ x_2^{(2)}=x_2^{(2)}+0.25=2.75 \end{cases}$$

(3) 有 $X^{(2)}=(4.75,2.75)^{\mathrm{T}}\in R$. 求:

$$\min(-6.5,-4.5)\begin{bmatrix} x_1 \\ x_2 \end{bmatrix}$$

$$\begin{cases} \bar{g}_1(X)=33.56-3.5x_1-4x_2\geqslant 0 \\ \bar{g}_2(X)=9.52-3x_1+1.75x_2\geqslant 0 \\ \bar{g}_3(X)=x_1\geqslant 0 \\ \bar{g}_4(X)=x_2\geqslant 0 \end{cases}$$

得 $\overline{X}^{(2)}=(5.34,3.72)^{\mathrm{T}}\notin R$.

继续上述步骤, 当 $\delta_i^{(k)}\leqslant\varepsilon(i=1,2,\cdots,n)$ 时, 迭代停止.

9.3 制约函数法

制约函数法是用目标函数和约束函数构造新的目标函数, 将约束函数通过一种制约函数加到非线性规划目标函数上, 从而将约束极值问题转化为无约束极值问题, 再利用无约束极小化技术求解的一类算法. 制约函数需要求解一系列新的无约束极值问题, 也称为序列无约束极小化 (Sequential Unconstrained Minimization Technique, SUMT). 常用的制约函数有两种基本类型: 惩罚函数和障碍函数.

9.3.1 惩罚函数法

1. 基本原理

惩罚函数法是仿照 Lagrange 乘数, 借助惩罚函数把约束问题转化为无约束问题, 进而用无约束最优化方法来求解. 算法的特点是冲破了通常必须在可行域内进行搜索的束缚, 所以惩罚函数法也称为外点法.

对于非线性规划 $\min f(X)$, $g_j(X)\geqslant 0, j=1,2,\cdots,l$

可行域 $R=\{X\mid g_j(X)\geqslant 0\}$, 为了将原问题转化为约束问题, 引入广义函数:

$$\varphi(t)=\begin{cases} 0,t\geqslant 0 \\ \infty,t<0 \end{cases}$$

取 $t=g_j(X)$, 显然, 当 X 满足 $g_j(X)\geqslant 0$ 时, $\varphi(g_j(X))=0$; 否则, $\varphi(g_j(X))=+\infty$. 则有:

$$\varphi(g_j(X)) = \begin{cases} 0, X \in R \\ \infty, X \notin R \end{cases} \quad (j=1,2,\cdots,l)$$

于是,此函数的两种状态刻画了点 X 或是在可行域上或是在可行域外的两种情况. 再做辅助函数:

$$P(X) = f(X) + \sum_{j=1}^{l} \varphi(g_j(X))$$

考察无约束极值问题:

$$\begin{cases} \min P(X) \\ X \in E^n \end{cases}$$

因 $\varphi(g_j(X))$ 只取 0 与 ∞ 两值,故唯有取 0 才能使 $\min P(X)$ 有意义. 因此,假设辅助函数的最优解 X^*,则 X^* 不仅是 $\varphi(X)$ 的极小解,同时也是原函数 $f(X)$ 的极小解. 这样一来,就把约束极值问题转化成了无约束极值问题.

但是,广义函数不便于做数学处理,无连续、可导等良好性质,因此,应把 $\varphi(t)$ 改善为经典函数并基本保持转化的功能,可取:

$$\varphi(t) = \begin{cases} 0, t \geqslant 0 \\ t^2, t < 0 \end{cases}$$

其导数为 $\varphi'(t) = \begin{cases} 0, t \geqslant 0 \\ 2t, t < 0 \end{cases}$,则修改后的 $\varphi(t)$ 在 $t=0$ 处连续且导数为 0;而且 $\varphi(t)$ 及其导数对任何 t 都连续.

令 $t = g_j(X)$,则有:

$$\varphi(g_j(X)) = \begin{cases} 0, z \in R \\ g_j^2(X), z \notin R \end{cases} = [\min(0, g_j(X))]^2 \quad (j=1,2,\cdots,l)$$

当 $X \in R$,有 $\sum_{j=1}^{l} \varphi(g_j(X)) = 0$;当 $X \notin R$,有 $0 < \sum_{j=1}^{l} \varphi(g_j(X)) < \infty$.

相应修正辅助函数 $P(X)$. 为此,取很大的正数 M,做:

$$P(X,M) = f(X) + M \sum_{j=1}^{l} [\min(0, g_j(X))]^2$$

称 $P(X,M)$ 为惩罚函数,M 为惩罚因子,$M \sum_{j=1}^{l} [\min(0, g_j(X))]^2$ 为惩罚项. 随着 M 的增大,可以形成一系列无约束极值问题:

$$\min P(X,M)$$
$$\text{s. t. } X \in E^n$$

取一个 $M > 0$,求得之最优解 X_M. 当 $X_M \in R$,X_M 即为原规划的最优解 X^*. 因为对于任取 $X \in R$,有:

$$f(X) = f(X) + M \sum_{j=1}^{l} [\min(0, g_j(X))]^2 = P(X,M) \geqslant P(X_M,M) = f(X_M)$$

若 $X_M \notin R$,就加大惩罚因子的值. 设对应 M_k 的最优解为 $X^{(k)}$,对应的惩罚函数列为:

$$P(X,M_k) = f(X) + M_k \sum_{j=1}^{l} \left[\min(0,g_j(X)) \right]^2 (k=1,2,\cdots)$$

随着惩罚因子 M 数值的增加,惩罚函数中的惩罚项所起的作用随之增大,$\min P(X,M)$ 的解 $X(M)$ 与约束集 R 的"距离"也就越来越近. 当序列"$0 < M_1 < M_2 < \cdots < M_k \cdots$"趋于无穷时,点列 $\{X^{(k)}\}$ 就从可行域 R 的外部趋于原问题的极小点 X^*. 可以证明在一定条件下,存在某个 k_0,使 $X^{(k_0)} \in R$,从而得 $X^{(k_0)} = X^*$;或 $\{X^{(k)}\}$ 的任一极限点即为 X^*.

对于等式约束问题 $\begin{matrix} \min f(X) \\ h_i(X)=0, i=1,2,\cdots,m \end{matrix}$,可定义辅助函数 $Q(X,M) = f(X) + M\sum_{i=1}^{m} \left[h_i(X) \right]^2$,从而将其转化为无约束问题,用 $Q(X,M)$ 的极小点作为原规划的近似解.

推广到一般情形 $\begin{matrix} \min f(X) \\ \text{s. t.} \begin{cases} h_i(X)=0, i=1,2,\cdots,m \\ g_j(X) \geqslant 0, j=1,2,\cdots,l \end{cases} \end{matrix}$,可定义辅助函数:

$$F(X,M) = f(X) + M\left(\sum_{i=1}^{m} F_1(h_i(X)) + \sum_{j=1}^{l} F_2(g_j(X)) \right)$$

其中,连续函数 F_1 和 F_2 满足条件:$\begin{cases} F_1(t)=0, t=0 \\ F_1(t)>0, t\neq 0 \\ F_2(t)=0, t>0 \\ F_2(t)>0, t>0 \end{cases}$.

如之前分析,$F_1(t)=t^2$,$F_2(t)=\left[\min(0,t) \right]^2$ 是比较常用的形式.

当 X 为可行点时,有 $F(X,M)=f(X)$;当 X 不是可行点脱离可行域时,惩罚系数是很大的正数,作用是在极小化过程中迫使迭代点靠近可行域. 惩罚系数越大,近似效果越好.

从适用性来说,惩罚函数法是一种求解非线性规划的"万能"方法. 此法可适用于凸与非凸规划、线性与非线性约束.

惩罚函数的缺点是需要解一系列无约束问题,计算量较大. 另外,近似最优解有可能不是可行解,而只能近似满足约束,在实际问题中这种结果可能不能使用.

2. 算法步骤

(1) 取 $M_1 > 0$(可取 $M_1 = 1$),$\varepsilon > 0$,令 $k=1$.

(2) 求无约束极值问题:

$$\min F(X,M_k) = F(X^{(k)},M_k)$$

$$F(X,M_k) = f(X) + M_k\left(\sum_{i=1}^{m} h_i(X)^2 + \sum_{j=1}^{l} \left[\min(0,g_j(X)) \right]^2 \right)$$

(3) 当有某一 j($1 \leqslant j \leqslant l$),使得 $-g_j(X^{(k)}) \geqslant \varepsilon$;或有一个 i($1 \leqslant i \leqslant m$),使得 $|h_i(X^{(k)})| \geqslant \varepsilon$,则取 $M_{k+1} > M_k$(可取 $M_{k+1}=cM_k$,$c=5$ 或 10),令 $k:=k+1$,转向(2);

否则,停止迭代,取 $X^{(k)}=X^*$.

根据算法步骤可知,$\{X^{(k)}\}$ 是从可行域的外部逐渐靠近,一旦进入可行域或和可行域的距离达到精度要求,算法即终止,因此该方法称为 SUMT 外点法.

惩罚函数法从经济意义角度更容易理解,把目标函数看作某种价格,约束条件为某些规定,原非线性规划表示必须符合所有规定的前提下去购置货物并追求最低价格的问题.为了促使规定的执行,另立一笔罚款,符合规定时罚款为零;违反规定则处以巨额罚款.总代价是货物价格和罚款的总和.

当惩罚因子充分大时,违反规定的罚款额是难以承担的,从而永远达不到总代价最小的目标.这就迫使必须在规定的前提下选购,亦即想方设法去掉罚款项.一旦获得使总代价最小的解,此解当然符合规定.

例 9.7 求解非线性规划.

$$\min f(X)=x_1+x_2$$
$$\text{s. t.}\begin{cases}g_1(X)=-x_1^2+x_2\geqslant 0\\g_2(X)=x_1\geqslant 0\end{cases}$$

解:构造惩罚函数:

$P(X,M)=x_1+x_2+M\{[\min(0,(-x_1^2+x_2))]^2+[\min(0,x_1)]^2\}$

$\dfrac{\partial P}{\partial x_1}=1+2M[\min(0,(-x_1^2+x_2)(-2x_1))]+2M[\min(0,x_1)]$

$\dfrac{\partial P}{\partial x_2}=1+2M[\min(0,(-x_1^2+x_2))]$

解:(1) 对于外点 $g_1(X)<0,g_2(X)>0$.

$\dfrac{\partial P}{\partial x_1}=1+2M(-x_1^2+x_2)(-2x_1)=0,\dfrac{\partial P}{\partial x_2}=1+2M(-x_1^2+x_2)=0$

解得:$X(M)=\left(-\dfrac{1}{2},\dfrac{1}{4}-\dfrac{1}{2M}\right)^{\mathrm T}$,当 $M\to\infty$,$X(M)\to\left(-\dfrac{1}{2},\dfrac{1}{4}\right)^{\mathrm T}\notin R$.

(2) 对于外点 $g_1(X)>0,g_2(X)<0$.

$\dfrac{\partial P}{\partial x_1}=1+2Mx_1,\dfrac{\partial P}{\partial x_2}=1$,无驻点.

(3) 对于外点 $g_1(X)<0,g_2(X)<0$.

令 $\dfrac{\partial P}{\partial x_1}=\dfrac{\partial P}{\partial x_2}=0$,得 $\min P(X,M)$ 的解为:

$X(M)=\left(-\dfrac{1}{2(1+M)},\dfrac{1}{4}\dfrac{1}{(1+M)^2}-\dfrac{1}{2M}\right)^{\mathrm T}$

取 $M=1,2,3,4$ 可得如下结果:

$M=1:X=\left(-\dfrac{1}{4},-\dfrac{7}{16}\right)^{\mathrm T},M=2:X=\left(-\dfrac{1}{6},-\dfrac{2}{9}\right)^{\mathrm T}$

$M=3:X=\left(-\dfrac{1}{8},-\dfrac{29}{192}\right)^{\mathrm T},M=4:X=\left(-\dfrac{1}{10},-\dfrac{23}{200}\right)^{\mathrm T}$

如图 9.3 所示,$X(M)$ 从 R 的外部逐步逼近 R 的边界,当 $M\to\infty$,$X(M)\to(0,0)^{\mathrm T}\in R$.

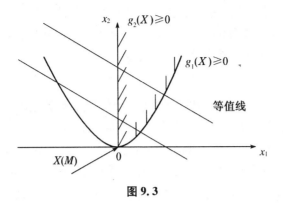

图 9.3

9.3.2　障碍函数法

1. 基本原理

惩罚函数法的最大特点是其初始点不要求是可行点,这虽然给计算带来了很大的方便,但是如果目标函数 $f(X)$ 在可行域外比较复杂,使用惩罚函数法就比较困难.障碍函数法与惩罚函数法类似,也是通过制约函数将约束条件纳入目标函数中,不同点在于它要求迭代过程始终建立在可行的基础之上,即在可行域的内部选取一个初始点,并在可行域的边界上设置一道"屏障",当迭代过程靠近可行域的边界时,新的目标函数值迅速增大,迭代点一旦接近边界便碰壁而回,故称之为障碍函数法.又因为该方法使迭代点始终保持在可行域的内部,所以也称为内点法.

仿照惩罚函数法,通过函数叠加的办法来改造原有目标函数,使改造后的目标函数,也就是障碍函数具有这样的性质:在可行域 R 的内部与边界面较远的点上,障碍函数与原目标函数应尽可能地接近;而在接近边界面的点上,障碍函数取相当大的数值.

对于约束非线性规划问题 $\begin{array}{c}\min f(X)\\ g_j(X)\geqslant 0, j=1,2,\cdots,l\end{array}$, $R=\{X\mid g_j(X)>0; j=1,2,\cdots, l\}$ 构造无约束非线性规划问题:

$$\overline{P}(X,r)=f(X)+rB(X)$$

其中,$B(X)$ 称为障碍项;r 称为障碍因子,是很小的正数.常用的障碍函数主要有两种:

(1) 倒数障碍函数:

$$\overline{P}(X,r) = f(X)+r\sum_{j=1}^{l}\frac{1}{g_j(X)}$$

(2) 对数障碍函数:

$$\overline{P}(X,r) = f(X)-r\sum_{j=1}^{l}\log(g_j(X))$$

根据障碍项的构成可知,在可行域 R 的边缘上,至少有一个 $g_j(X)=0$,从而障碍项形成了屏障,当 X 趋于可行域边界时,$\overline{P}(X,r)\rightarrow\infty$;在可行域内部,$\overline{P}(X,r)\approx f(X)$.因而,$\min \overline{P}(X,r)$ 是在可行域 X 的内部区域而不是在整个空间的极小点.

与惩罚函数法类似,障碍函数法也是采取序列无约束极小化的方法,选取单调递减并且趋于 0 的障碍因子数列 $\{r_k\}$,对于每个 r_k,从可行域内部出发,求解 $\min \overline{P}(X,r_k)$,这样就将原问题转化成了无约束优化.

2. 算法步骤

从可行域内部的某一点 $X^{(0)}$ 出发,以约束函数为障碍项,构成一个无约束极值问题 $\min \overline{P}(X,r_0)$,按无约束极小化方法求得一个新的内点 $X^{(1)}$. 注意在进行一维搜索时要适当控制步长,以免迭代跨越可行域的边界,若未达到精度,减小障碍因子继续迭代. 随着障碍因子的逐步减少,障碍项所起到的作用也越来越小,因而所求出的 $\min\limits_{X \in R} \overline{P}(X,r_k)$ 的解 $X(r_k)$ 也逐步逼近原问题的极小解 $X_{\min}$. 假设原问题的极小解在可行域的边界上,则随着 r_k 的逐步减少(障碍作用越来越小)所求出的障碍函数极小解不断靠近边界,直到满足某一特定的精度要求.

(1) 给出初始内点 $X^{(0)}$,初始障碍因子 $r_0 > 0$,允许误差 $\varepsilon \geqslant 0$,缩小系数 $\beta \in (0,1)$,令 $k=1$.

(2) 以 $X^{(k-1)}$ 为初始点,求解 $\min\limits_{X \in R} \overline{P}(X,r_k)$ 得 $X^{(k)}$.

(3) 若 $|r_k B(X^{(k)})| \leqslant \varepsilon$ 则停止,将 $X^{(k)}$ 为近似解;否则,令 $r_{k+1} = \beta r_k, k = k+1$,转(2).

例 9.8 试用障碍函数法求解.

$$\min f(X) = \frac{1}{3}(x_1+1)^3 + x_2$$

$$\text{s. t.} \begin{cases} g_1(X) = x_1 - 1 \geqslant 0 \\ g_2(X) = x_2 \geqslant 0 \end{cases}$$

解:构造障碍函数:

$$\overline{P}(X,r) = \frac{1}{12}(x_1+1)^3 + x_2 + r\left(\frac{1}{x_1-1} + \frac{1}{x_2}\right)$$

$$\frac{\partial \overline{P}}{\partial x_1} = (x_1+1)^2 - \frac{r}{(x_1-1)^2} = 0, \frac{\partial \overline{P}}{\partial x_1} = 1 - \frac{r}{x_2^2} = 0$$

求解方程组,可得:

$$x_1(r) = \sqrt{1+\sqrt{r}}, x_2(r) = \sqrt{r}$$

如此得最优解:

$$X_{\min} = \lim_{r \to 0} (\sqrt{1+\sqrt{r}}, \sqrt{r})^{\text{T}} = (1,0)^{\text{T}}$$

此例可以通过上述解析法进行求解,但并非所有问题都能适用于解析法,如果问题不便用解析法,我们只能采用迭代法来进行求解.

例 9.9 试用障碍函数法求解.

$$\min f(X) = x_1 + x_2$$

$$\text{s. t.} \begin{cases} g_1(X) = -x_1^2 + x_2 \geqslant 0 \\ g_2(X) = x_1 \geqslant 0 \end{cases}$$

解：采用自然对数构造障碍函数：
$$\overline{P}(X,r)=x_1+x_2-r\log(-x_1^2+x_2)-r\log(x_1)$$
各步迭代结果如表 9.1、图 9.4 所示.

表 9.1

	r_k	$x_1(r_k)$	$x_2(r_k)$
$k=1$	1.000	0.500	0.125
$k=2$	0.500	0.309	0.595
$k=3$	0.250	0.183	0.283
$k=4$	0.100	0.085	0.107
$k=5$	0.001	0.000	0.000

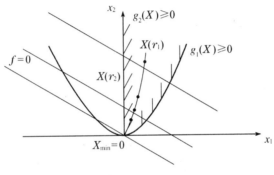

图 9.4

　　障碍函数法只适合不等式约束问题，不能用于等式约束问题. 此外，该方法必须从某一内点出发才能开始其迭代过程，有时很难通过观察确定一个内点，在这种情况下又需要借助一些方法先迭代出内点.

习　题

　　9.1　分析下述非线性规划在 $X^{(1)}=(0,0)^{\mathrm{T}}$，$X^{(2)}=(4,0)^{\mathrm{T}}$，$X^{(3)}=(2,3)^{\mathrm{T}}$，$X^{(4)}=(0,2)^{\mathrm{T}}$ 和 $X^{(5)}=\left(\dfrac{48}{13},\dfrac{6}{13}\right)^{\mathrm{T}}$ 各点处的可行下降方向.

　　9.2　求解下列问题：
$$\min f(X)=x_1^2+2x_2^2+3x_3^2+x_1x_2-2x_1x_3+x_2x_3-4x_1-6x_2$$
$$\text{s. t.}\begin{cases}x_1+2x_2+x_3\leqslant 4\\ x_1,x_2,x_3\geqslant 0\end{cases}$$
取初始可行点 $X^{(1)}=(0,0,0)^{\mathrm{T}}$.

　　9.3　用可行方向法求解下列非线性规划，取 $\delta^{(0)}=\varepsilon_1=\varepsilon_2=\varepsilon_3=0.1$，$X^{(0)}=(0,0)^{\mathrm{T}}$：
$$(1)\begin{cases}\min f(X)=x_1^2+x_2^2-4x_1-4x_2+8\\ x_1+2x_2-4\leqslant 0\end{cases}$$

(2) $\begin{cases} \max f(X) = \ln(1+x_1) + 2\ln(1+x_2) \\ x_1 + x_2 \leqslant 2 \\ x_1, x_2 \geqslant 0 \end{cases}$

(3) $\begin{cases} \min f(X) = 2x_1^2 + 2x_2^2 - 2x_1 x_2 - 4x_1 - 6x_2 \\ x_1 + 5x_2 \leqslant 5 \\ 2x_1^2 - x_2 \leqslant 0 \\ x_1, x_2 \geqslant 0 \end{cases}$

9.4 用制约函数法求解下列非线性规划,取 $\varepsilon = 0.1$:

(1) $\begin{cases} \min f(X) = (x_1 - 2)^4 + (x_1 - 2x_2)^2 \\ x_1^2 - x_2 = 0 \end{cases}$

(2) $\begin{cases} \max f(X) = x_1 \\ x_2 - 2 + (x_1 - 1)^3 \leqslant 0 \\ (x_1 - 1)^3 - (x_2 - 2) \leqslant 0 \\ x_1, x_2 \geqslant 0 \end{cases}$

(3) $\begin{cases} \min f(X) = e^{x_1} + e^{x_2} \\ x_1^2 + x_2^2 - 9 = 0 \\ x_1 + x_2 - 1 \geqslant 0 \\ x_1, x_2 \geqslant 0 \end{cases}$

9.5 用线性规划逼近法求解下列非线性规划,取 $\varepsilon = 0.1$:

(1) $\begin{cases} \min f(X) = 4x_1^2 + (x_2 - 2)^2 \\ -2 \leqslant x_1 \leqslant 2 \\ -1 \leqslant x_2 \leqslant 1 \end{cases}$, $X^{(0)} = (-2, 1)^T$

(2) $\begin{cases} \min f(X) = (x_1 + 4)^2 + (x_2 - 4)^2 \\ x_1 - x_2 \leqslant 4 \\ x_1 + x_2 \leqslant 8 \\ x_1, x_2 \geqslant 0 \end{cases}$, $X^{(0)} = (6, 2)^T$

(3) $\begin{cases} \max f(X) = 2x_1 + x_2 \\ 25 - x_1^2 - x_2^2 \geqslant 0 \\ 7 - x_1^2 + x_2^2 \geqslant 0 \\ 5 \geqslant x_1 \geqslant 0 \\ 10 \geqslant x_2 \geqslant 0 \end{cases}$, $X^{(0)} = (2, 2)^T$

(4) $\begin{cases} \max f(X) = (x_1 - 1)^2 + x_2^2 \\ x_1^2 + 6x_2 - 36 \leqslant 0 \\ -4x_1 + x_2^2 - 2x_2 \leqslant 0 \\ x_1, x_2 \geqslant 0 \end{cases}$, $X^{(0)} = (0, 2)^T$

微信扫码,
加入【本书话题交流群】
与同读本书的读者,讨论本
书相关话题,交流阅读心得

附录 1 相关学会和期刊

1. 学术组织

（1）国际运筹学会联合会（International Federation of Operational Research Societies），http://www.ifors.org/

（2）国际运筹学与管理科学学会（The Institute for Operations Research and the Management Sciences，INFORMS），http://www.informs.org/

（3）亚太运筹学联合会（Association of Asian-Pacific Operational Research Societies），http://www.asor.org.au/

（4）中国运筹学会（The Operations Research Society of China），http://www.orsc.org.cn/

（5）欧洲运筹学会联合会（The Association of European Operational Research Societies），http://www.euro-online.org/

2. 学术期刊

（1）*European Journal of Operational Research*

（2）*Annals of Operations Research*

（3）*Journal of Operational Research Society*

（4）*Operations Research*

（5）*Management Science*

（6）*Mathematical Programming*

（7）*Computers and Operations Research*

（8）*IEEE Transactions on Systems，Man & Cybernetics*

（9）*Journal of Systems Science and System Engineering*

（10）*SIAM*

（11）《运筹学学报》

（12）《运筹与管理》

（13）《系统工程学报》

（14）《系统工程理论与实践》

（15）《系统工程理论方法应用》

（16）《系统工程与电子技术》

（17）《系统工程》

（18）《管理科学学报》

　（19）《管理工程学报》

　（20）《中国管理科学》

　（21）《控制与决策》

3. 优化问题测试函数

（1）http：//www. sfu. ca/～ssurjano/optimization. html

（2）http：//www-optima. amp. i. kyoto-u. ac. jp/member/student/hedar/Hedar_files/TestGO. htm♯opennewwindow

（3）http：//people. ee. ethz. ch/～sop/download/supplementary/testProblemSuite/♯opennewwindow

附录 2　MATLAB 求解

1. 线性规划

在 MATLAB 中,也提供实现线性规划问题的函数为 linprog 函数,该函数的调用格式如下:

x=linprog(f,A,b):求 min f f′ * x 在约束条件 A. x≤b 下线性规划的最优解.

x=linprog(f,A,b,Aeq,beq):等式约束 Aeq. x=beq,如果没有不等式约束 A. x≤b,则置 A=[],b=[].

x=linprog(f,A,b,Aeq,beq,lb,ub):指定 x 的范围 lb≤x≤ub,如果没有等式约束 Aeq. x=beq,则置 Aeq=[],beq=[].

x=linprog(f,A,b,Aeq,beq,lb,ub,xO):xO 为给定初始值.

x=linprog(f,A,b,Aeq,beq,lb,ub,xO,options):options 为指定的优化参数.

[x,fval]=linprog(…):fval 为返回目标函数的最优值,即 fval=f′x.

[x,fval,exitflag]=linprog(…):exitflag 为终止迭代的错误条件.

根据以上函数,求解本书例 2.1 的 MATLAB 代码为:

```
>>clear all;
f = [−4; −3];              %输入目标函数系数矩阵
A = [1,0;0,2;2,3];          %输入不等式约束系数矩阵
b = [6; 8; 8];             %输入右端点
lb = zeros(2,1);
[x, fval, exitflag, output, lambda] = linprog(f, A, b, [ ], [ ], lb. [ ], [ ],
optimset('Display','iter'))
```

2. 一维搜索

一维搜索问题 $\min\limits_{x} f(x), x \in [a,b]$

Matlab 的命令为 [X,FVAL] = FMINBND(FUN,x1,x2,OPTIONS)

它的返回值是极小点 x 和函数的极小值. 这里 fun 是用 M 文件定义的函数或 Matlab 中的单变量数学函数.

例如,求函数 $f(x)=(x-3)^2-1, x \in [0,5]$ 的最小值.

编写 M 文件 fun1. m

```
function f=fun1(x);
f=(x−3)^2−1;
```

在 Matlab 的命令窗口输入:

$[x,y]=fminbnd('fun1',0,5)$

即可求得极小点和极小值.

3. 无约束优化

Matlab 中优化问题的基本命令是:

$[X,FVAL]=FMINUNC(FUN,X0,OPTIONS,P1,P2,\cdots)$

它的返回值是向量 x 的值和函数的极小值. FUN 是一个 M 文件,当 FUN 只有一个返回值时,它的返回值是函数 $f(x)$;当 FUN 有两个返回值时,它的第二个返回值是 $f(x)$ 的一阶导数行向量;当 FUN 有三个返回值时,它的第三个返回值是 $f(x)$ 的二阶导数阵(Hessian 阵). X0 是向量 x 的初始值,OPTIONS 是优化参数,使用确省参数时,OPTIONS 为空矩阵. P1,P2 是可以传递给 FUN 的一些参数.

例 求函数 $f(X)=100(x_2-x_1^2)^2+(1-x_1)^2$ 的最小值.

解:编写 M 文件 fun2. m 如下:

function $[f,g]=fun2(x)$;

$f=100*(x(2)-x(1)^2)^2+(1-x(1))^2$;

$g=[-400*x(1)*(x(2)-x(1)^2)-2(1-x(1))\ 200*(x(2)-x(1)^2)]$;

在 Matlab 命令窗口输入:

fminunc('fun2',rand(1,2))

即可求得函数的极小值.

求多元函数的极值也可以使用 Matlab 的命令:

$[X,FVAL]=FMINSEARCH(FUN,X0,OPTIONS,P1,P2,...)$.

4. 有约束优化

Matlab 中非线性规划约束优化问题的数学模型写成以下形式:

$$\min f(X)$$
$$\text{s. t}\begin{cases}AX\leqslant B\\Aeq\times X=Beq\\C(X)\leqslant 0\\Ceq(X)=0\end{cases}$$

其中,$f(X)$ 是标量函数;A,B,Aeq,Beq 是相应维数的矩阵和向量;$C(X),Ceq(X)$ 是非线性向量函数.

Matlab 中的命令是:

X=FMINCON(FUN,X0,A,B,Aeq,Beq,LB,UB,NONLCON,OPTIONS)

它的返回值是向量 x,其中 FUN 是用 M 文件定义的函数 $f(x)$;X0 是 X 的初始值;A,B,Aeq,Beq 定义了线性约束 $A\times X\leqslant B,Aeq\times X=Beq$,如果没有等式约束,则 A=[],B=[],Aeq=[],Beq=[];LB 和 UB 是变量 X 的下界和上界,如果上界和下界没有约束,则 LB=[],UB=[],如果 X 无下界,则 LB=-inf,如果 X 无上界,则 UB=inf;NONLCON 是用 M 文件定义的非线性向量函数 $C(X),Ceq(X)$;OPTIONS 定义

了优化参数,可以使用 Matlab 缺省的参数设置.

以下面的非线性有约束规划问题为例:

$$\min f(X) = -x_1 - 2x_2 + \frac{1}{2}x_1^2 + \frac{1}{2}x_2^2$$

$$\text{s. t.} \begin{cases} 2x_1 + 3x_2 \leqslant 6 \\ x_1 + 4x_2 \leqslant 5 \\ x_1, x_2 \geqslant 0 \end{cases}$$

先写成标准形式:

$$\min f(X) = -x_1 - 2x_2 + \frac{1}{2}x_1^2 + \frac{1}{2}x_2^2$$

$$\text{s. t.} \begin{cases} \begin{pmatrix} 2x_1 + 3x_2 - 6 \\ x_1 + 4x_2 - 5 \end{pmatrix} \leqslant \begin{pmatrix} 0 \\ 0 \end{pmatrix} \\ \begin{pmatrix} 0 \\ 0 \end{pmatrix} \leqslant \begin{pmatrix} x_1 \\ x_2 \end{pmatrix} \end{cases}$$

然后建立 M 文件 fun. m:

```
function f=fun(x);
f=-x(1)-2*x(2)+(1/2)*x(1)^x(1)^2+(1/2)*x(2)^2
```

在命令窗口键入以下命令:

```
x0=[1;1];
A=[2 3;1 4];
b=[6;5];
Aeq=[];
beq=[];
VLB=[0;0];
VUB=[];
[x,fval]=fmincon('fun3',x0,A,b,Aeq,beq,VLB,VUB)
```

得到运算结果:

```
x=0.764 7   1.058 8   fval=-2.029 4
```

参考文献

[1] D. G. Luenberger. Introduction to Linear and Nonlinear Programming [M]. Reading, Massachusetts: Addison-Wesley Publishing Company, 1973.

[2] J. F. Shapiro. Mathematical Programming: Structures and Algorithms[M]. New York: John Wiley & Sons, Inc., 1979.

[3] M. M. Syslo. Discrete Optimization Algorithms [M]. Englewood Cliffs, New Jersey: Prentice-Hall, Inc., 1983.

[4] J. J. 摩特, S. E. 爱尔玛拉巴. 运筹学手册——基础和基本原理[M]. 上海: 上海科学技术出版社, 1987.

[5] C. H. Papadimitriou, K. Steiglitz. 组合最优化算法和复杂性[M]. 北京: 清华大学出版社, 1988.

[6] Frederick S Hiller. Introduction to operations research[M]. New York: McGraw-Hill, 1990.

[7] 魏权龄, 王日爽, 徐兵. 数学规划引论[M]. 北京: 北京航空航天大学出版社, 1991.

[8] 谢政, 李建平. 网络算法与复杂性理论[M]. 长沙: 国防科技大学出版社, 1995.

[9] 袁亚湘, 孙文瑜. 最优化理论与方法[M]. 北京: 科学出版社, 1997.

[10] 郑汉鼎, 刁在筠. 数学规划[M]. 济南: 山东教育出版社, 1997.

[11] 栗培山, 等. 最优化计算原理与算法程序设计[M]. 长沙: 国防科技大学出版社, 2001.

[12] 姚恩瑜, 何勇, 陈仕平. 数学规划与组合优化[M]. 杭州: 浙江大学出版社, 2001.

[13] 薛毅. 最优化原理与方法[M]. 北京: 北京工业大学出版社, 2004.

[14] 《运筹学》教材编写组. 运筹学[M]. 第三版. 北京: 清华大学出版社, 2005.

[15] 马良. 高级运筹学[M]. 北京: 机械工业出版社, 2008.

[16] 吴祈宗. 运筹学与最优化MATLAB编程[M]. 北京: 机械工业出版社, 2009.

[17] 张伯生, 张丽. 运筹学(第二版). 北京: 科学出版社, 2012.

[18] 徐增堃. 数学规划导论[M]. 北京: 科学出版社, 2017.

[19] 许国根, 赵后随, 黄智勇. 最优化方法及其MATLAB实现[M]. 北京: 北京航空航天大学出版社, 2018.

[20] 李明. MATLAB在最优化计算中的应用[M]. 第2版. 北京: 电子工业出版社, 2017.